JN418817

혐기성 소화 미생물학

"

에듀컨텐츠·휴피아

ECH Educontents·Huepia

"

목 차

저자 소개 : 이 준 엽

- 국립부경대학교 지구환경시스템과학부 환경공학전공

혐기성 소화 미생물학

이 준 엽 · 著

에듀컨텐츠·휴피아
ECH Educontents·Huepia

에듀컨텐츠·휴피아
ECH Educontents Huepia

I. 서 론

1.1. 배경 및 필요성

1.2. 교재의 목적 및 수록 범위

1.1. 배경 및 필요성

혐기성 소화(anaerobic digestion, AD)는 유기성 폐자원 처리 및 에너지화 분야에서 가장 전도유망한 기술 중 하나로, 지난 몇십 년간 실규모 유기성 폐자원 처리에 적용되어 온 생물학적 폐수(폐기물) 처리 기술이다.

유기성 폐자원의 혐기성 소화는 호기성 반응에 비하여 슬러지를 적게 발생시키며, 폭기를 위한 동력비가 들지 않아 유지비가 적게 들고, 유기성 오염물질의 처리와 동시에 에너지원으로 활용 가능한 메탄을 다량 포함하고 있는 바이오가스(메탄 함량 55~75%)를 최종 산물로 생산할 수 있다는 장점이 있어 자원 순환 경제 구축 및 탄소 중립 실현에 기여하는 지속 가능한 유기성 폐자원의 처리 기술로 각광받고 있다.

국내외의 유기성 폐자원 발생 형태가 다양해지고 그 양이 지속적으로 증가함에 따라, 혐기성 소화를 통해 처리되는 유기성 폐자원 또한 전 세계적으로 증가하고 있으며, 이에 혐기성 소화 기술에 대한 관심 및 관련 연구가 활발히 진행되고 있다.

혐기성 소화 공정은 복잡하고 다양한 미생물의 생장 및 대사 반응에 의해 유기성 물질이 분해되어 메탄으로 전환되는 반응으로 공정의 안정적 운영과 높은 처리 및 바이오가스 생산 효율을 달성하기 위해서는 혐기성 소화조 내 미생물에 대한 이해가 선행되어야 한다.

1.2. 교재의 목적 및 수록 범위

본 교재에서는 혐기성 소화 공정과 혐기성 소화 미생물에 대한 핵심 이론들과 해당 미생물들을 정성 또는 정량 분석하는데 활용되는 최신 미생물 분석법들에 대한 정보를 제공하고자 한다.

에듀컨텐츠·휴피아
CH Educontents·Huepia

II. 혐기성 소화

2.1. 혐기성 소화 개요

산업시대 이후 인구의 급증, 도시화 및 과학기술의 발전이 가속화되며 유기성 폐기물의 발생량 또한 지속적으로 증가하고 있다. 이렇게 발생되는 폐기물은 현대 사회의 인간과 동물의 건강뿐만 아니라 환경에 중대한 위협이 되고 있다. 유기성 폐기물에 의해 제기되는 문제는 다양한 사회 및 산업 영역에 걸쳐 영향을 미치며 시급한 관심과 적절한 해결책이 요구되는 현안으로 고려되고 있다.

유기성 폐기물의 부적절한 관리는 위생 문제를 일으켜 지역 사회의 건강과 복지에 부정적인 영향을 미칠 수 있다. 특히 유기성 폐기물이 수계에 미치는 영향은 매우 크다. 부적절한 처리 방식은 유기성 물질이 수계로 유출되어 하천과 지하수를 오염시키고, 수생태계를 교란시킬 수 있다. 이는 인간이 마실 수 있는 깨끗하고 안전한 물의 공급을 위협하는 문제로 수질오염 문제를 해결하는데 있어 유기성 폐기물의 처리 및 관리는 매우 중요하다. 또한, 유기성 폐기물 부적절한 관리는 대기 중에 유기성 폐기물의 분해 과정을 노출시키며, 이는 메탄(CH_4)과 이산화탄소(CO_2) 등의 온실가스의 배출을 유발할 수 있다. 온실가스는 지구 온난화 및 기후 변화를 유발하며, 이상 기후 등 다양한 환경 문제를 유발하는 주요 원인 중 하나임으로, 유기성 폐기물의 적절한 처리 및 관리는 위생 개선뿐만 아니라 수자원을 보호하고 지구에 미치는 온실가스 배출의 영향을 완화하는 데도 매우 중요하다고 볼 수 있다.

가축분뇨, 음식물류폐기물 및 하수슬러지는 대표적인 고농도 유기성 폐기물로 각각의 (국내)발생량 및 특성은 다음과 같다.

◈ 가축분뇨

가축분뇨는 젖소, 소, 말, 돼지, 닭 등 다양한 가축에서 발생하는 가축의 배설물과 그 잔류물로 2020년 기준으로 연간 약 6,440만 톤 발생하고 있다. 이는 전체 고농도 유기성 폐기물 발생량인 7,338만 톤 중 약 87%를 차지한다.

가축분뇨 발생량은 가축의 종류 및 두수에 따라 다르며, 보통 돼지(전체 발생량의 42%), 소(28%), 젖소(14%), 닭(15%) 순으로 가축분뇨를 발생시키는 것으로 알려져 있다.

가축분뇨의 경우 50~100g 화학적산소요구량(COD)/L 수준의 고농도 유기물을 함유하고 있으며, 특히 단백질 함량이 높으며, 암모니아, 염분 함량도 높은 것으로 알려져 있다. 난분해성 유기물(가축 장내미생물, 리그닌 등)도 상당 부분 함유하고 있는 것으로 알려져 있다.

가축분뇨의 발생량은 구제역 등 가축 관련 질병의 발생 시 두수 감소와 함께 발생량이 급감할 수 있다. 예를 들어, 2010년부터 2011년까지 구제역이 발생하면서 돼지 개체수가 감소하여 돈분뇨의 연간 발생량이 약 18% 가량 급감한 사례가 있다.

◈ 음식물류폐기물

음식물류폐기물은 가정과 상업 시설에서 버려지는 가정과 상업 시설에서 버려지는 음식물 쓰레기로 2020년 기준으로 연간 약 489만 톤 발생하고 있다.

음식물류폐기물의 성상은 발생원, 지역, 시계열적 요인 등 다양한 요인에 의해 영향받는 것으로 알려져 있다.

음식물류폐기물의 경우 100~200g COD/L 수준의 고농도 유기물을 함유하고 있으며, 탄수화물, 단백질, 지방 함량이 골고루 높고, 다른 폐기물 대비 지방 함량이 높아 에너지 잠재성이 높은 것으로 알려져 있다.

음식물류폐기물의 80% 이상이 동물 사료 또는 퇴비 등으로 가공되어 재활용되고 있으나, 해당 재활용 공정은 건조 및 세척 공정 등에서 다량의 고농도 유기성 폐수를 유발한다. 일반적으로 재활용되는 음식물류폐기물의 약 80% 수준의 음식물류폐기물 재활용 폐수가 발생하며, 연간 2~300 만 톤 가량 발생되는 것으로 추정되고 있다.

◈ 하수슬러지

하수슬러지는 하수처리장의 하수처리공정 중 필연적으로 발생하는 고농도 유기성 폐기물로 일반적으로 1 차침전조의 침전물인 1 차슬러지(생슬러지), 생물학적 처리공정 후 2 차침전조의 침전물인 2 차슬러지(잉여슬러지)로 구분된다. 2020 년 기준으로 연간 약 409 만 톤 발생하고 있다.

하수슬러지의 경우 농축 수준에 따라 농도가 다변하나 일반적으로 30~100g COD/L 수준의 고농도 유기물을 함유하고 있으며, 난분해성 유기물(호기성 미생물 등)을 다량 함유하고 있는 것으로 알려져 있다. 난분해성 유기물 함량이 상대적으로 적은 생슬러지가 잉여슬러지 보다 혐기성 소화를 통한 처리 및 바이오가스 생산에 용이한 것으로 알려져 있다. 중금속 함량이 상대적으로 높은 수준으로 알려져 있다.

이런 고농도 유기성 폐기물의 경우 유기물 뿐만 아니라 질소(N)와 인(P)을 풍부하게 함유하고 있어 적정수준의 전처리가 되지 않은 채 자연 수계(강, 하천, 바다 등)로 배출될 시, 부영양화를 일으켜 수생태계를 교란시킬 수 있으며, 악취 등을 유발할 수 있다. 또한 하수슬러지의 경우 높은 수준의 중금속을 함유하고 있는 경우가 있어 수계의 중금속 오염을 유발할 수 있다. 이러한 문제를 방지하기 위한 전통적인 유기성 폐기물 처리 방법으로는 매립(Landfill), 소각(Incineration), 해양 투기(Ocean dumping) 등이 있다.

폐기물 처리에 가장 일반적으로 사용되는 방법인 매립은 유기성 폐기물을 정해진 매립장에 투입하고 매립하는 방식으로 유기성 폐기물이 혐기성 분해 반응 등을 통해 메탄(CH_4)과 이산화탄소(CO_2)로 변환되어 방출한다. 국제에너지기구(IEA)에 따르면 매립장에서 배출되는 메탄은 전 세계 메탄 배출량의 약 12%를 차지하는 것으로 보고되고 있다. 적절한 매립장 시설의 구축과 관리가 이루어지지 않은 경우 온실가스 배출에 따른 대기 오염뿐만 아니라 침출수 유출에 따른 인근 토양 및 지하수 오염 등이 유발될 수 있다.

소각은 유기성 폐기물의 고온 연소를 통해 처리하는 방법으로 특히 대용량 및 재활용 불가능한 물질의 경우 폐기물 처리를 위한 효과적인 처리 방법으로 활용되고 있다. 유기물질의 소각을 통해 에너지 회수도 가능하나 이는 대상 유기성 폐기물의 발열량 등 특성에 따라 효율이 다르다. 유기성 폐기물이 소각될 때, 다양한 대기오염물질(다이옥신, 이산화황, 입자상물질 등)이 발생하므로 이의 대기 배출 및 환경 오염 물질을 최소화하기 위한 적정 처리 시설의 확보 및 운영이 필수적이다.

해양 투기는 바다 특정 구역에 유기성 폐기물을 투기하는 방법으로 유기성 폐기물을 처리할 수 있는 가장 저렴하고 편리한 처리 방법이나, 해양 오염을 유발하며, 해양 생태계를 교란하는 주요 원인으로 고려되고 있다. 해양투기의 잠재적인 위험에 대응하고자 1972 년 UN 협약으로 설립된 런던 협약을 통해 해양 투기 행위를 통제하고 규제하기로 하였다. 대한민국 정부도 이에 대응하여 2012 년부터 가축분뇨와 하수슬러지의 해양 투기를 금지하고, 2013 년부터는 음식물류폐기물의 해양투기를 금지하였다.

매립, 소각, 해양투기와 같은 전통적인 폐기물 처리방법은 앞서 서술된 처리 과정 중 유발되는 환경오염문제 등에서 자유로울 수 없어 다양한 대안이 강구되고 있다. 지속 가능한 폐기물 관리 방안으로는 폐기물의 발생량을 저감하는 것이 가장 타당한 접근방식이며, 그 다음으로는 폐기물의 재사용, 재활용 및 자원/에너지 회수 관점의 다양한 기술적 접근이 고려되어야 한다.

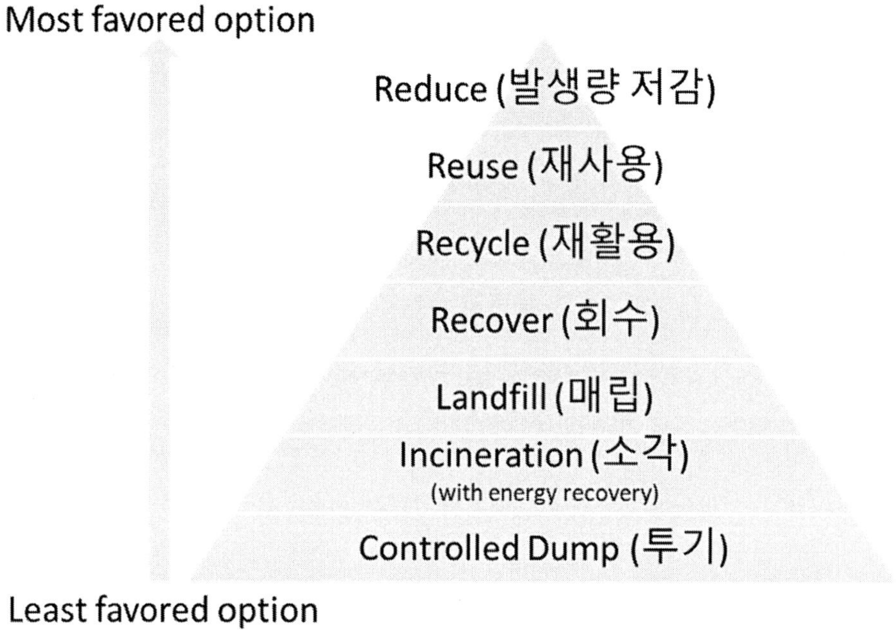

Most favored option

Reduce (발생량 저감)

Reuse (재사용)

Recycle (재활용)

Recover (회수)

Landfill (매립)

Incineration (소각)
(with energy recovery)

Controlled Dump (투기)

Least favored option

〈그림 1〉 폐기물 관리 및 폐기에 대한 우선순위

대상 유기성 폐기물의 처리를 위한 적정 방법을 선택하기 위해서는 폐기물의 활용 가치에 대한 평가와 환경에 미치는 영향을 평가하여 최소한의 영향을 미칠 수 있는지 여부, 그리고 처리 및 자원 활용 공정의 효율과 안전성을 고려하여 지속 가능성에 대한 평가가 선행되어야 한다.

기존의 자원 선형 경제(Resource linear economy; 원자재 ⇒ 생산 ⇒ 소비 ⇒ 폐기)는 자원의 채취와 활용, 폐기를 일방향으로 적용된 모델로 자원 낭비와 지속적인 환경 파괴를 유발시키는 문제점이 있다.

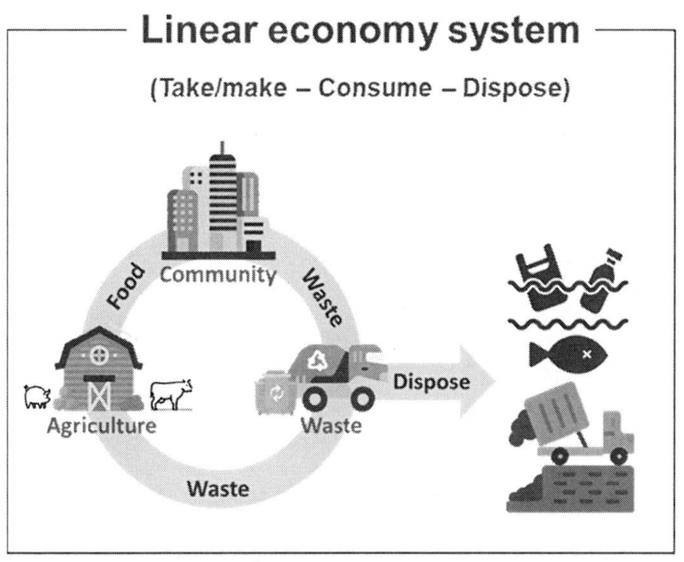

〈그림 2〉 자원 선형 경제(Resource linear economy)

이의 대안 모델인 자원 순환 경제(Resource circular economy; 원자재 ⇒ 생산 ⇒ 소비 ⇒ 재사용/재활용 ⇒ 생산)는 폐기물의 재사용/재활용 및 재자원화를 통해 최종 폐기물의 발생을 최소화하여 환경 오염을 최소화할 수 있어 이를 달성하기 위한 다양한 폐기물 처리 방법이 세계 각국에서 연구되고 있다.

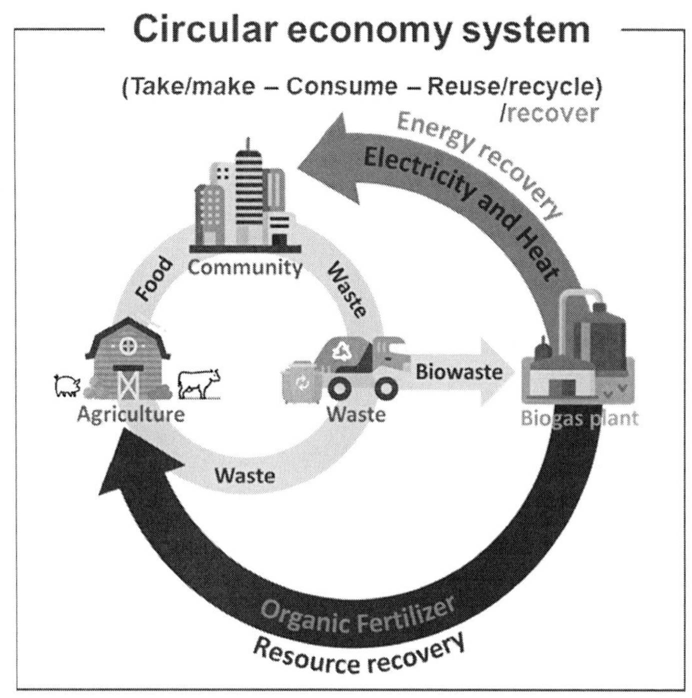

〈그림 3〉 자원 순환 경제(Resource circular economy)

현재 폐기물 관리 정책의 주요한 경향 중 하나는 유기성 폐기물의 매립을 줄이고 재활용 및 자원 회수을 촉진하는 것이다. 혐기성 소화는 이러한 목표를 달성하기 위한 가장 적절한 유기성 폐기물 처리 방법 중 하나로 최근 20여 년간 국내외의 혐기성소화 및 바이오가스 관련 시장은 지속적으로 성장하고 있는 추세이다.

혐기성 소화는 산소 없이 유기물을 미생물을 활용하여 분해하는 생물학적 유기성 폐기물 처리 방법으로 유기성 오염물질 처리와 동시에 유기물의 분해 과정에서 에너지원으로 활용 가능한 바이오가스(메탄, 이산화탄소)를 생산해낼 수 있어 탄소중립 실현 및 자원 순환 경제 구축을 위한 필수 요소 기술로 각광받고 있다. 또한 혐기성 소화는 슬러지 생성량이 적고, 호기성 소화와는 달리 폭기가 필요없어 동력비가 적게 들어 유지 관리비가 적어 경제적이며, 혐기성 조건에서 장기간 배양을 통해 병원균 사멸 등의 이점이 있다.

• 혐기성소화의 특징

– 장점

- 유기물 처리 및 메탄 생산 동시 달성
- 낮은 슬러지 생성량
- 낮은 동력비 및 유지관리비
- 병원균 처리
- CO_2 방출량 저감

– 단점

- 가온 필요
- 느린 미생물 생장속도
- 유입폐수 변동 및 운전조건 변화에 민감
- 악취발생

• 호기성소화 vs. 혐기성소화

항목	호기성소화	혐기성소화
에너지 소비	폭기 (비용 큼) (0.75 kWh/1 kg COD 처리)	가온 (비용 적음) (에너지생산량의 ~40%)
반응시간	빠름 (HRT: ≤ 12시간) 짧은 start-up (2 주)	느림 (HRT: 20~40일) 긴 start-up (10 주)
폐수농도	저농도 용이 (≤ 1 g COD/L)	고농도 가능 (≥ 10 g COD/L)
슬러지 발생량	큼 (0.5 kg VSS/kg COD)	적음 (0.05~0.1 Kg VSS/kg COD)
에너지 생산	없음	바이오가스 (~70 % CH_4)
운영 난이도	중	고

〈그림 4〉 혐기성 소화의 특징

과거에는 하수처리장에서 발생하는 하수슬러지의 안정화(유기물 저감) 방법으로만 적용되어 왔으나, 최근 20년 동안에는 음식물류폐기물, 가축분뇨 등 다양한 고농도 유기성 폐기물과 폐수, 그리고 유기성 산업폐수 등의 처리 및 에너지 생산 영역으로 확대되어 적용되고 있다.

국내의 경우 현재 약 110곳의 하수슬러지, 음식물류폐기물 및 가축분뇨를 처리하는 실규모 혐기성 소화시설이 설치되어 운영되고 있으며, 연간 약 1,950만 톤의 유기성 폐기물을 처리하고, 3억 6200만 m^3의 바이오가스를 생산하고 있다. 생산된 바이오가스의 약 83%가 열, 전력 또는 가스 등의 에너지원으로 활용되고 있다.

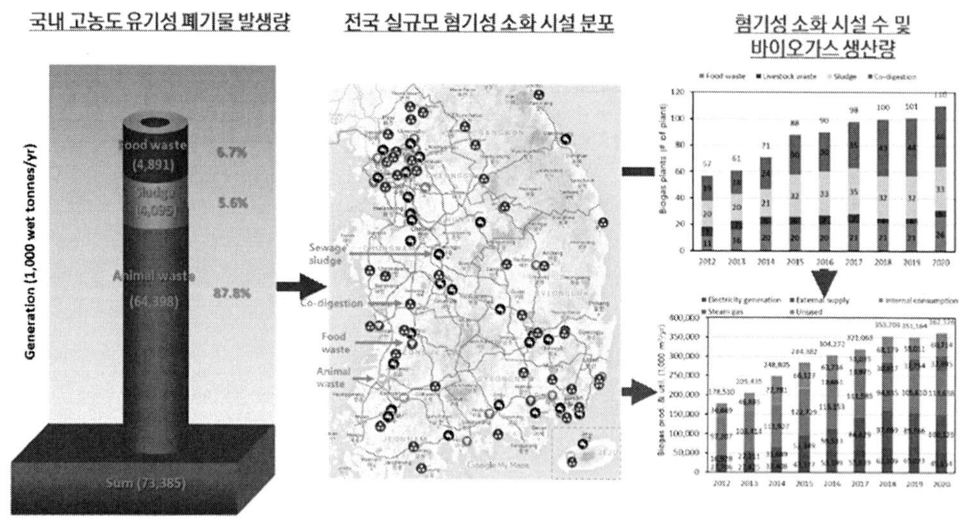

〈그림 5〉 국내 유기성 폐기물 처리 혐기성 소화 시설 현황

국내의 경우 “유기성 폐자원을 활용한 바이오가스의 생산 및 이용 촉진법”(바이오가스법)이 2022년 12월 제정됨에 따라 2026년부터 유기성 폐기물 대량 배출 대상시설에 대해 바이오가스 생산 의무를 부여하는 법적 근거가 확립되었다.

법이 시행되면 유기성 폐기물을 대량 배출하는 대상자(공공(지자체)과 민간(대규모 배출자 등))에 대해 직접 시설을 설치하여 가스를 생산하거나, 다른 시설에 폐자원 처리를 위탁하여 가스를 생산하거나, 다른 시설에서 생산한 실적을 구입하여 생산목표를 달성해야 하는 의무가 부여될 것으로 예상되며, 바이오가스 생산목표제가 도입되고 바이오가스 실적거래 시장이 조성되어 (미활용) 유기성 폐자원 바이오가스화 산업 및 시장 활성화가 촉진될 것으로 평가된다. 또한 본 법안을 통해 바이오가스 생산·이용에 대한 다양한 지원 근거가 마련되어 추후 실규모 바이오가스화 기술 보급이 가속화될 것으로 기대된다.

기존의 한종류의 폐기물의 단독 소화의 한계를 보완하는 복수의 폐기물을 혼합하여 소화하는 통합 혐기성 소화 기술, 멤브레인, 담체, 고압, 고온 등 다양한 기술과 운영조건을 적용한 고율 혐기성 소화 공정 기술, 그리고 고질 바이오메탄과 유용 소화슬러지를 생산해내는 차세대 혐기성 소화 기술 등 다양한 관점에서의 혐기성 소화 공정의 최적화 및 효율 개선에 대한 연구가 전 세계적으로 활발하게 진행되고 있다.

- 소화조 기술/공법 개발
  - 소화조 형태: 단상/이상, 고온/중온
  - 고율 소화조: UASB, AnMBR 등
- 유입 폐수 최적화
  - 통합소화
  - 전처리 기술
- 소화조 운영 기술 최적화
  - Start-up 전략
  - 모니터링 기술
  - 소화조 최적운영, 불안정 극복, 고율화 방안
- 생산물 최적화
  - 메탄가스; 수소가스; 유기산 및 알코올
- 공정 해석 및 예측

→ 소화조 내 미생물 군집 생태 및 반응 이해 필요

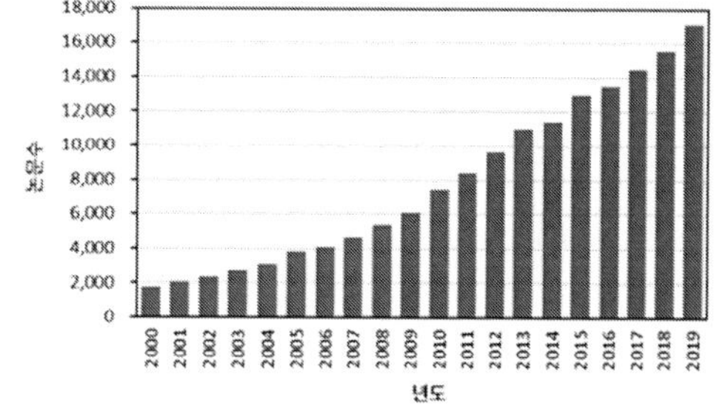

〈그림 6〉 혐기성 소화 연구 방향

2.2. 혐기성 소화 기작

혐기성 소화(Anaerobic digestion)은 혐기성 조건에서 유기물을 미생물에 의해 분해시켜 바이오가스로 전환시키는 반응을 의미한다. 대표적인 최종산물은 바이오가스로 메탄, 이산화탄소 및 기타 미량가스로 구성되어 있으며, 일반적으로 메탄함량이 50~80%, 이산화탄소 함량이 20~50% 수준으로 보고되고 있다.

유기성 폐기물의 혐기성 소화반응은 가수분해, 산생성, 아세트산생성 및 메탄생성의 네 가지 순차적 생화학 반응으로 구성된다.

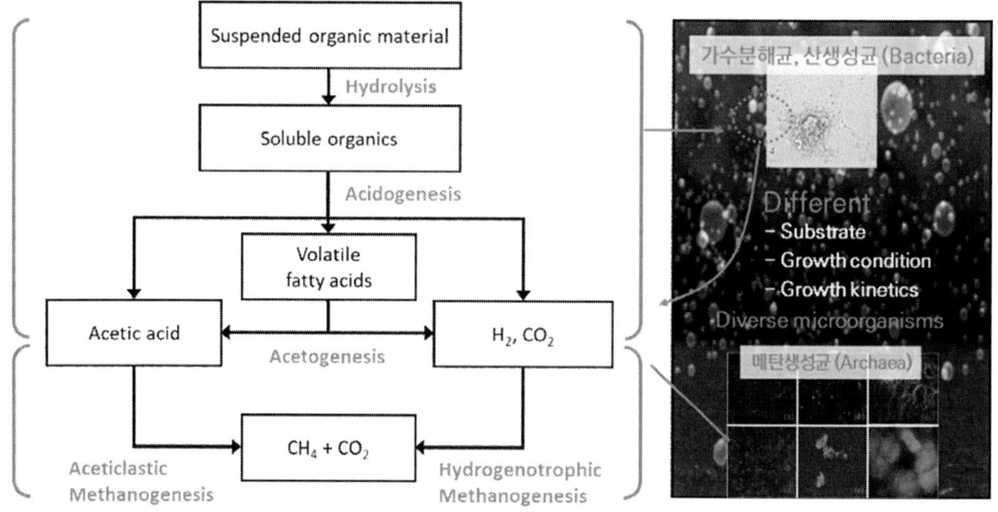

〈그림 7〉 혐기성 소화 반응 기작

◈ 가수분해(Hydrolysis)

가수분해는 혐기성 세균(가수분해균; Hydrolytic bacteria)에 의해 고분자 유기물질(고분자 유기물질)이 세포 내로 들어갈 수 있는 수준의 저분자 유기물질(단량체)로 분해되는 생화학적 반응이다. 가수분해는 가수분해 효소에 의해 반응이 진행되며, 가수분해 효소는 일반적으로 세포외 효소이다. 특정 유기성 폐기물(예: 고분자 부유 고형물이 다량 함유된 폐기물 등)의 경우 가수분해반응이 전체 혐기성 소화의 속도 제한 단계로 간주된다. 이런 경우, 대상 폐기물의 가용화를 위한 다양한 물리화학적, 생물학적 전처리 방법들이 적용될 수 있다.

일반적으로 유기성 폐기물의 가수분해는 1st order kinetic model로 표현된다. 가수분해를 위한 최적의 pH는 약 pH 6으로 간주되지만 유기성 폐기물의 특성과 입자 크기, 가수분해 효소의 유형, 이러한 효소를 배출하는 혐기성 박테리아의 종류, 온도, 염도 및 기타 환경 조건을 포함한 다양한 요인에 따라 달라질 수 있다.

가수분해반응 예시:

- Sucrose + saccharase ⇒ glucose
- Starch + amylase ⇒ glucose
- Cellulose + cellulase ⇒ glucose
- Protein +protease ⇒ amino acids
- Fats + lipase ⇒ glycerol + long chain fatty acids

◈ 산생성(Acidogenesis)

산생성 단계에서는 가수분해 단계에서 용해된 유기물이 혐기성 세균(산생성균; Acidogen)에 의해 유기산과 알코올(주로, 휘발성 지방산(Volatile fatty acids, VFAs))로 분해된다. VFAs는 탄소 2~6개의 짧은 사슬 지방산인 아세트산, 프로피온산, 부티르산, 발레르산 및 카프로익산을 포함한다. 산생성 반응에서는 수소이온(H^+)이 방출되어 소화조 내 pH가 낮아질 수 있다. 산생성을 위한 최적의 pH 범위는 일반적으로 5에서 6 사이에서 관찰된다. 종간 수소 전달, pH 수준, 희석률 및 소화조 내 혐기성 미생물 군집 등이 산생성 속도에 크게 영향을 미치는 주요 요인으로 고려된다.

◈ 아세트산생성(Acetogenesis)

아세트산생성은 혐기성 세균(아세트산생성균; Acetogen)에 의해 VFAs가 아세트산으로 분해되는 생화학적 반응을 의미한다. 혐기성 박테리아(예: Homo-acetogens)에 의해 가스상 기질인 CO_2와 H_2가 아세트산으로 전환되는 호모아세트산생성반응도 혐기성 소화 반응에서 주요한 아세트산생성반응 중 하나로 포함된다. 아세트산생성반응은 열역학적 제한으로 미생물간 적절한 영양공생(Syntrophic) 관계가 필요하다. 다시 말해, VFAs로부터의 아세트산 생성반응은 깁스 자유에너지가 0보다 커 비자발적 반응조건으로 자발적 반응조건이 되기 위해서는 생성물인 수소분자의 농도가 낮아져야 하며, 이를 위해서는 수소이용성 메탄생성균의 활성이 필수적이다.

Process	Reaction	$\Delta G^{0'}$ (kJ/rxn)
Butyrate oxidation	$Butyrate^- + 2\ H_2O \rightarrow 2\ Acetate^- + H^+ + 2\ H_2$	+48
Propionate oxidation	$Propionate^- + 3\ H_2O \rightarrow Acetate^- + HCO_3^- + H^+ + 3\ H_2$	+76
Homoacetogenesis	$4\ H_2 + 2HCO_3^- + H^+ \rightarrow Acetate^- + 4\ H_2O$	-105

〈그림 8〉 아세트산생성반응

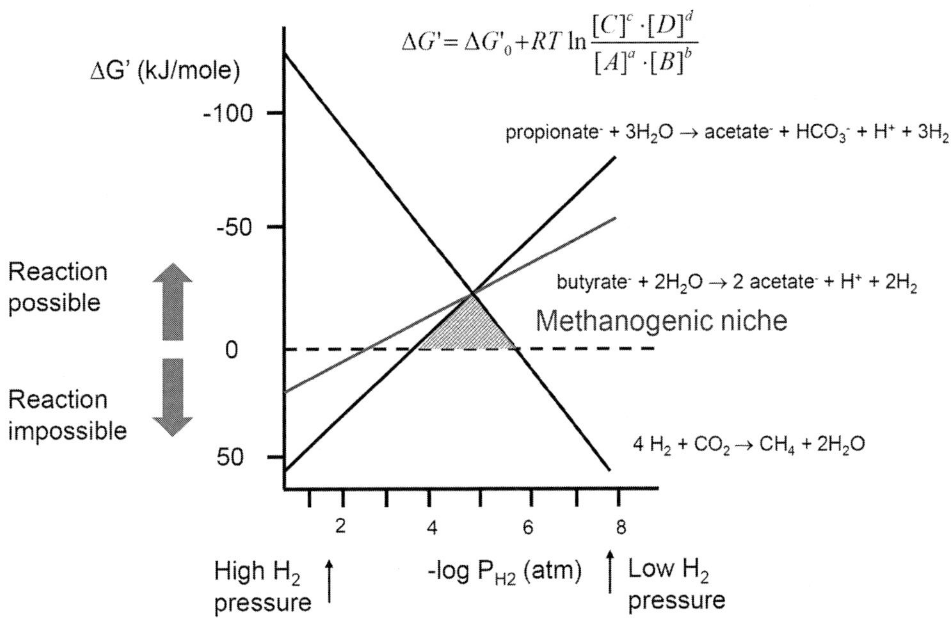

〈그림 9〉 아세트산생성균 및 메탄생성균의 영양공생반응을 위한 수소 분압 조건

◈ 메탄생성(Methanogenesis)

메탄생성은 혐기성 고세균(메탄생성균; Methanogen)에 의해 아세트산, 수소 분자(H_2) & 이산화탄소(CO_2)가 메탄(CH_4)으로 전환되는 생화학적 반응을 의미한다. 보통 혐기성 소화조에서 생성되는 메탄의 약 65~70%가 아세트산에서 발생하는 것으로 알려져 있다. 아세트산을 이용한 메탄생성반응을 아세트산이용성 메탄생성반응(Aceticlastic methanogenesis)라고 하며, CO_2와 H_2를 이용한 메탄생성반응을 수소이용성 메탄생성반응(Hydrogenotrophic methanogenesis)이라 한다. 대표적인 아세트산이용성 메탄생성균은 *Methanosaeta*(i.e., *Methanothrix*)와 *Methanosarcina*가 있으며, 수소이용성 메탄생성균은 *Methanoculleus*, *Methanolinea*, *Methanobacterium* 등이 있다.

수소이용성 메탄생성반응은 소화조 내 낮은 수소압력을 유지하는 데 중요한 역할을 하여 긴사슬지방산과 VFAs의 혐기성 산화에 관여하는 세균과 영양공생

관계를 구축하며 성장 및 대사반응을 지원한다. 메탄생성을 위한 최적의 pH 범위는 일반적으로 pH 6.8에서 7.5 사이에서 관측된다. 메탄생성균은 다른 혐기성 세균보다 생장속도가 느리며(약 1/10 수준), 온도, 부하 속도 및 pH 변동과 같은 요인과 저해물질에 극도로 민감하여 일반적으로 혐기성 소화 공정의 속도 제한 단계로 고려된다. 혐기성 소화 공정의 효율을 높이기 위해서는 메탄생성균의 생장 및 활성을 위한 최적조건을 고려하여 소화조 환경 및 운영조건에 반영하는 것이 필요하다.

Process	Reaction	$\Delta G^{0'}$ (kJ/rxn)
Aceticlastic methanogenesis (AM)	$Acetate^{-} + H_2O \rightarrow CH_4 + HCO_3^{-}$	-31
Syntrophic acetate oxidation (SAO)	$Acetate^{-} + 4\ H_2O \rightarrow 4\ H_4 + 2\ HCO_3^{-} + H^{+}$	+105
Hydrogenotrophic methanogenesis (HM)	$4\ H_2 + HCO_3^{-} + H^{+} \rightarrow CH_4 + 3\ H_2O$	-136

〈그림 10〉 메탄생성반응

유기성 폐기물의 주요 유기 성분은 탄수화물, 단백질 및 지방이다. 탄수화물, 단백질 및 지방의 혐기성 소화는 소화조 내 서로 다른 중간 분해물질의 축적을 유발하여 혐기성 소화 공정의 효율성 및 안정성에 영향을 미친다. 혐기성 소화 공정의 최적화를 위해서는 이러한 유기성 물질의 분해 과정의 복잡성을 이해하는 것이 필요하다.

◈ 탄수화물의 혐기성 분해

- 가수분해: 탄수화물이 포도당과 수크로스와 같은 단량체로 분해
- 산생성: 단량체가 젖산, 숙시네이트, 에탄올, VFAs 및 H_2 & CO_2로 분해

특히, 급격한 산 생성 반응은 VFAs의 축적 및 소화조의 pH 저하로 이어질 수 있으며, 이는 공정 불안정성을 유발할 수 있다.

◈ 단백질의 혐기성 분해

- 가수분해: 단백질이 아미노산으로 분해
- 산생성: 아미노산이 VFAs, NH_4^+, CO_2로 분해

단백질이 분해되면서 소화조에 암모니아가 메탄생성균 저해농도 이상(예: 3~5g total ammonia nitrogen(TAN)/L 이상)으로 축적되면 메탄생성반응에 저해를 주어 바이오가스 생산량이 감소할 수 있다.

◈ 지방의 혐기성 분해

지방은 일반적으로 글리세롤과 긴사슬 지방산(LCFAs)이 에스테르 결합으로 이어진 형태의 물질을 의미한다. 지방의 혐기성 분해는 가수분해단계와 베타산화반응을 통해 일어난다.

- 가수분해: 지방이 글리세롤과 LCFAs로 분해
- 베타산화(Beta oxidation): LCFAs가 VFAs 로 분해

특정 농도 이상의 LCFAs는 혐기성 세균과 메탄 생성균에 대한 저해 영향을 줄 수 있어 지방 혐기성 소화 시 유의할 필요가 있다.

유기성 폐기물의 메탄잠재량이 유기성 물질의 구성 화학식에 따라 결정된다. 일반적으로 긴 사슬 지방산(산소보다는 탄소 및 수소가 풍부함)을 포함하는 지방은 탄수화물과 단백질 보다 상대적으로 더 높은 메탄잠재량을 가진다. 지방 함량이 높은 유기성 폐기물의 혐기성 소화는 지방 및 LCFAs의 미생물 저해 영향으로 안정적인 혐기성 소화가 어렵지만, 고품질의 바이오가스(높은 메탄 함량) 생산 달성이 가능하다는 장점이 있어 관련 연구가 필요하다.

- 이론적 메탄잠재량 (theoretical methane potential)
  - Buswell equation을 통해 계산 가능

$$C_nH_aO_bN_c + \left(n - \frac{a}{4} - \frac{b}{2} - \frac{3c}{4}\right)H_2O \rightarrow \left(\frac{n}{2} + \frac{a}{8} - \frac{b}{4} - \frac{3c}{8}\right)CH_4 + \left(\frac{n}{2} - \frac{a}{8} + \frac{b}{4} + \frac{3c}{8}\right)CO_2 + cNH_3$$

$$\text{메탄잠재량 (L } CH_4\text{/g VS)} = \frac{22.4\left(\frac{n}{2}+\frac{a}{8}-\frac{b}{4}-\frac{3c}{8}\right)}{12n+a+16b+14c} \quad \text{이산화탄소잠재량 (L } CO_2\text{/g VS)} = \frac{22.4\left(\frac{n}{2}-\frac{a}{8}+\frac{b}{4}+\frac{3c}{8}\right)}{12n+a+16b+14c}$$

항목	화학식	메탄잠재량 (L CH_4/g VS)	이산화탄소잠재량 (L CO_2/g VS)	메탄함량 (%)
탄수화물 (e.g., Cellulose)	$(C_6H_{10}O_5)_n$	0.415	0.415	50
단백질 (e.g., Gelatin)	$C_5H_7NO_2$	0.496	0.496	50
지방 (e.g., Glycerol trioleate)	$C_{57}H_{104}O_6$	1.014	0.431	70

〈그림 11〉 이론적 메탄잠재량-Buswell equation

2.3. 혐기성 소화 분류

혐기성 소화 공정은 불용성 폐기물과 용존성 폐수를 처리할 수 있는 기술이다. 입자상 및 콜로이드성 유기물질과 같은 고농도 유기성폐기물은 불용성 폐기물의 범주에 속하므로 가수분해 및 가용화를 위해 장기간의 소화 기간이 필요하다. 고농도 유기성폐기물의 경우 소화조의 수리학적 체류시간(Hydraulic retention time, HRT)은 최소 20~30일이 일반적이다.

가용성 폐수의 처리에는 고율 혐기성 소화 공정이 적용될 수 있다. 이러한 폐수는 가수분해 및 폐기물 가용화를 필요로 하지 않으므로 상대적으로 짧은 수리학적 체류시간으로 처리 속도를 높일 수 있다. 물론 고율 혐기성 소화 공정의 경우에도 메탄생성균이 wash-out 되지 않고 소화조 내 체류할 수 있는 적정 수준의 고형물 체류시간(Solids retention time, SRT; 예: 15일 이상)은 필수적이다.

일반적으로 고농도 유기성폐기물은 부유식 성장(Suspended growth) 기반 혐기성 소화 공정(예: Continuously tirred tank reactor; CSTR)으로 처리되는 반면 가용성 폐수는 고정막(Fixed-film) 기반 혐기성 소화 공정(예: Upflow anaerobic sludge blanket; UASB)으로 처리된다. 그럼에도 불구하고 다양한 혐기성 소화조 공정 및 구성으로 불용성 폐기물과 가용성 폐수를 처리할 수 있으며, 각 구성은 체류시간에 주요한 영향을 미친다. 소화조의 체적과 초기 투자비용을 최소화하기 위해서는 낮은 HRT가 필요하며, 그와 동시에 높은 SRT를 확보하여 공정 안정성을 확보하고 슬러지 생산을 최소화하는 것이 필요하다.

◈ 부유식 성장(Suspended growth) 기반 혐기성 소화 공정

부유식 성장 시스템에서 미생물은 간헐적 또는 연속적 혼합 반응을 통해 소화조에 부유 상태로 유지된다. 이러한 혼합 반응을 통해 소화조 전체에 균일한 수준의 미생물량(미생물 농도)를 유지시켜 줄 수 있으며, 유체와 함께 부유성 고형물(예: 미생물)이 유출된다. 이에 예를 들어 완전히 혼합 혐기성 소화조(일반적으로 혐기성 CSTR; Continuously stirred tank reactor)의 경우 HRT와 동일한 SRT를 유지하는 것이 특징이다. 따라서 혐기성 CSTR의 경우, 상대적으로 긴 HRT(20~30일)로 설계되어 적용되는 것이 일반적이다.

[CSTR (Continuously stirred tank reactor; 연속 교반 탱크 반응기)]

• 혐기성소화 기술 – 유기성 폐기물/폐수

–anaerobic CSTR (anaerobic continuously stirred tank reactor)

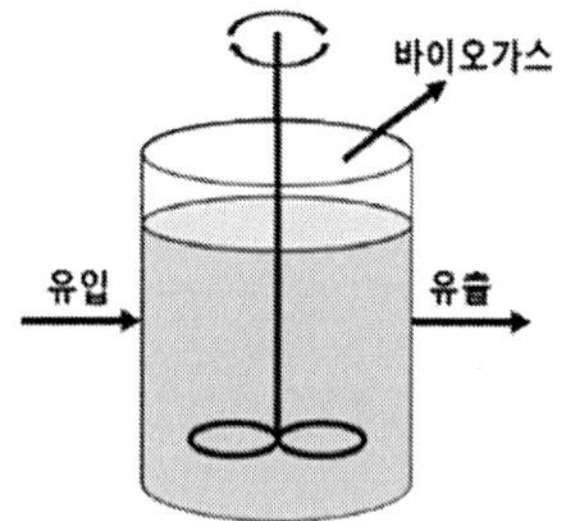

- 유기성 폐기물을 부유 혐기성 미생물을 이용하여 처리하는 완전혼합반응조 시스템
- HRT: 20 – 30d = SRT
- OLR: 4 – 6 kg COD/m^3/d 이하
- 교반 방법 중요

〈그림 12〉 혐기성 연속 교반 탱크 반응기

◈ 고정막(Fixed-film) 기반 혐기성 소화 공정

슬러지 블랭킷(Sludge blanket; 예를 들어, UASB; Upflow anaerobic sludge blanket)으로 대표되는 혐기성 고정막 시스템은 미생물의 안정적인 성장을 위한 응집된 고형물 형태로의 환경을 조성해준다. 이러한 시스템은 미생물의 소화조 내 체류 시간을 연장시켜 주어 긴 SRT 및 짧은 HRT의 조건에서 소화조 운영을 가능케 한다.

고정막 시스템은 폐수가 미생물 성장층을 통과하고, 그 과정속에서 오염물질의 처리반응 일어난다. 용존성 유기물은 미생물에 흡수되어 처리되는 반면 부유성 유기물은 미생물 표면에 부착되어 처리된다. 이러한 시스템을 통과하는 흐름은 상류(아래에서 위로)와 하류(위에서 아래로)로 설정될 수 있다. 생장속도가 느리며 환경변인에 민감한 메탄생성균이 고정막에 장기간 체류할 수 있으므로, 암모니아, 황화물 및 포름알데히드와 같은 저해(독성) 물질에 순응할 수 있게 해주므로, 결과적으로 긴 SRT와 짧은 HRT를 가진 혐기성 고정막 시스템은 독성 물질을 포함하는 산업 폐수를 처리하는데 효과적인 대안이 될 수 있다. 이런 장점으로 고정막 혐기성 소화 시스템은 부유성 성장 시스템 대비 상대적으로 광범위한 온도 환경(10~55°C)에서 운영하는 사례가 보고되고 있다.

[UASB (Upflow anaerobic sludge blanket; 상향류 혐기성 슬러지 블랭킷)]

- 혐기성소화 기술 – 유기성 폐수
  - UASB (Upflow anaerobic sludge blanket) 반응조

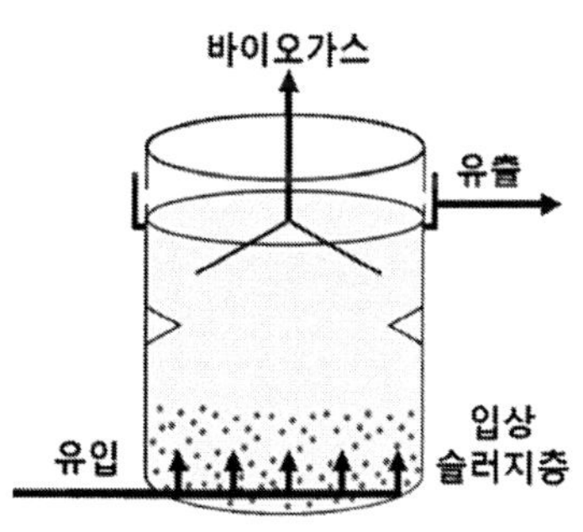

- 네덜란드 Wageningen대 Lettinga 교수팀 개발 (1970)
- 반응조 하단에 혐기성 입상슬러지층 (granulation)
- 상향류 흐름 반응조
- HRT: 0.5 - 10d
- SRT: 15d 이상
- OLR: 5 - 20 kg COD/m^3/d
- 반응조 높이: 5-20m
- 상향류 유속: 1-6 m/h
- 특징: 낮은 SS 함유 폐수 처리에 용이

〈그림 13〉 상향류 혐기성 슬러지 블랭킷 반응기

◈ 고율 혐기성 소화 공정 (High-rate anaerobic digestion process)

고율 혐기성 소화 공정은 단위 시간당 단위 유효체적당 더 많은 양의 폐수와 유기성 오염물질을 처리하기 위해 긴 SRT와 짧은 HRT 조건으로 운영 가능한 혐기성 소화 공정을 의미한다. 고율 혐기성 소화를 정의하는 핵심 요인들은 다음과 같다.

- 소화조 내 활성 혐기성 소화 미생물의 높은 체류시간
- 활성 혐기성 소화 미생물과 폐수 사이의 충분한 접촉
- 높은 혐기성 소화 반응 속도 확보
- 기질 및 대사 최종 생성물의 이동 제한 최소화
- 충분히 적응 및 순응된 활성 혐기성 소화 미생물 확보
- 목표 운전 조건에서 활성 혐기성 소화 미생물에 유리한 환경 조건 제공

이를 만족하고 보다 안정적인 공정 효율을 달성하기 위해 다음과 같이 다양한 접근방식의 고율 혐기성 소화 공정이 개발되어왔다.

•고율 "high-rate" 혐기성소화 기술 개발 역사 – 유기성 폐수

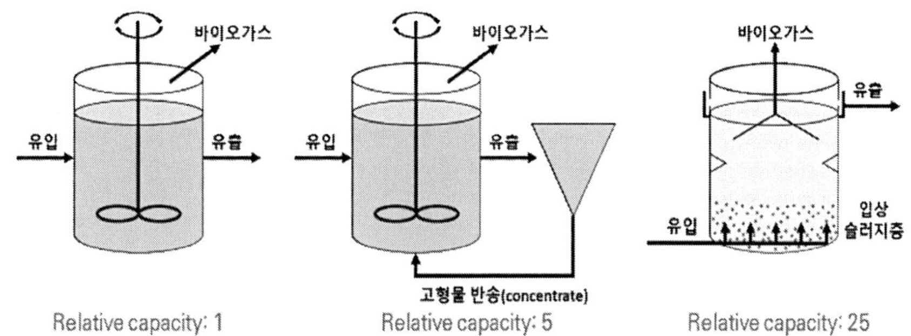

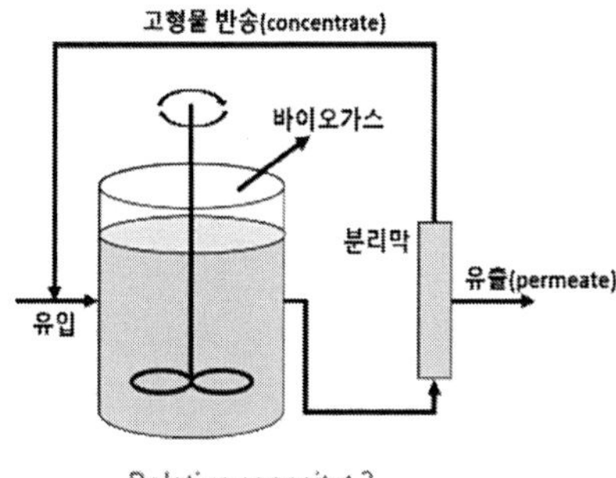

〈그림 14〉 고율 혐기성 소화 공정

[AnMBR (Anaerobic membrane bioreactor; 혐기성 분리막 생물반응기)]

• 혐기성소화 기술 – 유기성 폐수

– 혐기성 분리막 반응조 (anaerobic membrane reactor, AnMBR)

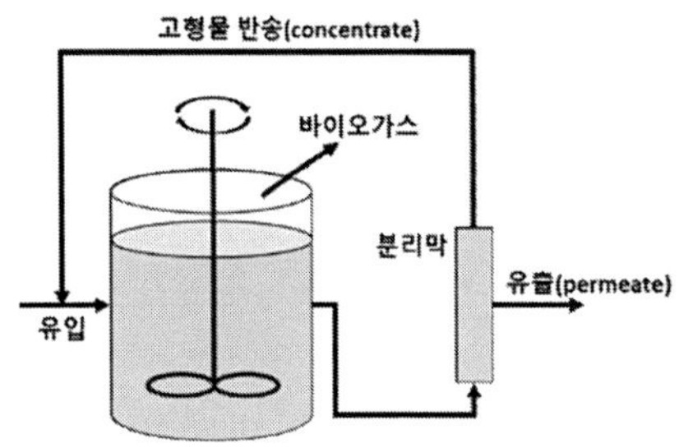

- 혐기성 분리막을 이용하여 고액분리한 고형물을 재순환시킴으로써 짧은 수리학적 체류시간에서도 긴 고형물 체류시간을 제공하도록 한 부유 및 응집형 혐기성 미생물을 사용하는 완전혼합반응조 시스템
- 분리막을 통해 부유물질이 없는 깨끗한 처리수를 배출
- HRT: 0.5 – 6d; SRT: 매우 김
- OLR: 5–15 kg COD/m^3/d

〈그림 15〉 혐기성 분리막 생물반응조

AmMBR은 부유식 성장 기반인 CSTR 형태의 반응기 시스템에 분리막을 장착하여 물리적 분리를 통해 긴 SRT 및 짧은 HRT로 운영 가능한 대표적인 고율 혐기성 소화 공정이다.

◈ 온도: 저온성(Psychrophilic)

저온성 소화 공정은 비교적 낮은 온도(5~20°C)에서 생장하는 미생물을 활용한 혐기성 소화 공정이다. 낮은 온도임에도 불구하고 유기성 폐기물의 혐기성 소화 및 메탄 생성이 가능하나, 중온 또는 고온 조건 대비 메탄생성균의 느린 생장조건으로 인해 고율 혐기성소화 공정 적용에는 제한사항이 존재한다. 저온성 소화조의 온도는 SRT(HRT)가 상대적으로 길게 설정되며, SRT는 100일을 초과하기도 한다. 따라서, 일반적으로 임호프 탱크, 정화조 및 슬러지 처리 등 소규모 공정에 적용된다.

◈ 온도: 중온성(Mesophilic)

중온성 소화 공정은 체온에 가까운 수준의 온도인 35~40℃에서 생장하는 미생물을 활용한 혐기성 소화 공정이다. 고온성 소화 공정 대비 가온이 적게 필요하며, 중온성 미생물의 종 다양성이 높아 소화 공정의 안정적 운영이 용이하고, 저온성 소화 공정 대비 미생물 생장속도가 빨라 고율 혐기성 소화가 가능하다는 장점으로 도시 및 산업폐수 처리공정에서 일반적으로 적용되고 있다. 국내의 경우에도 110기의 실규모 혐기성 소화 시설 중 100기 이상이 중온성 소화 시설로 운영되고 있으며, 해외(미국 등)의 경우에도 사정은 비슷하다.

◈ 온도: 고온성(Thermophilic)

고온성 소화 공정은 비교적 높은 온도(50~60°C)에서 생장하는 미생물을 활용한 혐기성 소화 공정이다. 주로 열원 또는 증기의 활용이 용이한 산업폐수 처리장에서 고온 혐기성 소화 적용이 용이하다. 고온성 혐기성 소화는 빠른 고온성 미생물의 생장을 활용한 빠른 소화 속도와 메탄 생산속도의 달성이 가능하며, 고온 혐기성 조건에서 병원균의 처리가 용이하다는 장점을 가지고 있다. 반면, 고온 유지를 위한 운영 비용이 필요하며, 미생물 종 다양성이 적어 운영 조건 및 환경의 변화에 공정 안정성 및 효율이 민감히 반응하여 전체 소화 공정의 안정적 운영에 어려움이 있을 수 있어, 관련 부분을 해결하기 위한 다양한 연구가 진행되고 있다.

◈ 구성: 단상(Single stage) 혐기성 소화 공정

단상 소화조는 단일 탱크 또는 반응기로 구성되며 대상 폐수 또는 폐기물의 투입 및 회수, 혼합, 가열, 가스 포집 및 상등액 관리 부분을 포함하여 관리가 필요하다. 단상 혐기성 소화조는 가장 일반적인 혐기성 소화 공정으로 혐기성 소화 반응에 관련되어 있는 가수분해균, 산생성균, 아세트산생성균, 메탄생성균 그 외 기타 미생물들의 생장 및 반응이 단일 반응조 내에서 이루어지는 특징을 가지고 있다.

일반적으로 단상 소화조의 운영(환경) 조건은 메탄생성균의 메탄생성균의 최적생장조건인 pH(pH 6.8~pH 7.5)와 온도(저온, 중온 또는 고온)에 맞추어 운영하는 것이 공정 안정성 및 효율성을 극대화할 수 있는 방안으로 알려져 적극 활용되고 있음. 이는 메탄생성균이 상대적으로 생장속도가 느리며, 생장 가능한 환경 조건 범위가 좁고(예: 산생성균은 pH 4~pH 9 범위에서 최적생장이 가능한 것으로 보고되고 있으나, 메탄생성균은 pH 6.8~pH 7.5 에서 최적생장 가능함), 혐기성 소화 반응의 가장 마지막 단계로 가스생산의 중요성이 고려되기 때문이다.

목표 수준의 공정 효율(다시 말해, 유기물 처리율과 바이오가스 생산량 등)과 공정 안정성을 확보하기 위해서는 단상 소화조 내 산생성균과 메탄생성균의 균형이 매우 중요하다. 유입 폐수 부하의 변화, 유입 폐수/폐기물의 성상변화, 저해 물질의 투입, 소화조의 체류시간, 온도, pH, 염도 등 다양한 운영조건 및 환경 조건 변화 시, 혐기성 소화 미생물에 저해를 유발할 수 있으며, 특히 환경 변화 및 저해 영향에 취약하고 생장속도가 느린 메탄생성균이 선택적으로 더 큰 저해를 받을 수 있다. 이 경우, 소화조 내 산생성반응과 메탄생성반응의 불균형(다시 말해, 산생성반응 〉 메탄생성반응)이 유발될 수 있으며, 이는 유기산 축적으로 귀결된다. 유기산 축적 시, 수소 이온이 함께 축적되며 소화조 내 알칼리도를 소모하게 되고, 기존 알칼리도 이상의 수소이온이 생성 및 축적될

시, 소화조의 pH의 산성화가 유발될 수 있다. 일반적으로 소화조의 pH가 메탄생성균의 최적생장조건인 pH 6.8 이하로 낮아질 경우, 메탄생성균의 생장이 더 저해받고, 유기산 축적 및 소화조 산성화(pH 감소)가 가속화된다. 이와 함께 유기물 처리율과 메탄생산량이 저해받아 감소하며, 최악의 상황에는 자생회복이 어려운 공정 실패로 귀결될 수 있다. 따라서 혐기성 소화 공정의 안정적 운영을 위해서는 소화조 내 산생성반응과 메탄생성반응의 균형이 필수적이며, 이를 유지하기 위해 메탄생성균의 최적생장조건에서의 운영이 필요하다.

• 공정 안정성? → 산생성반응과 메탄생성반응의 균형 중요

미생물 분류	온도 (°C)	pH	Resistance to Environmental Change	Specific Growth rate (1/d)	Reaction rate
산생성균	10~60	4~9	Strong	Fast (5~10) (~1.5)	Fast
메탄생성균	10~60	6.8~8.5	Weak	Slow (~0.14)	Slow

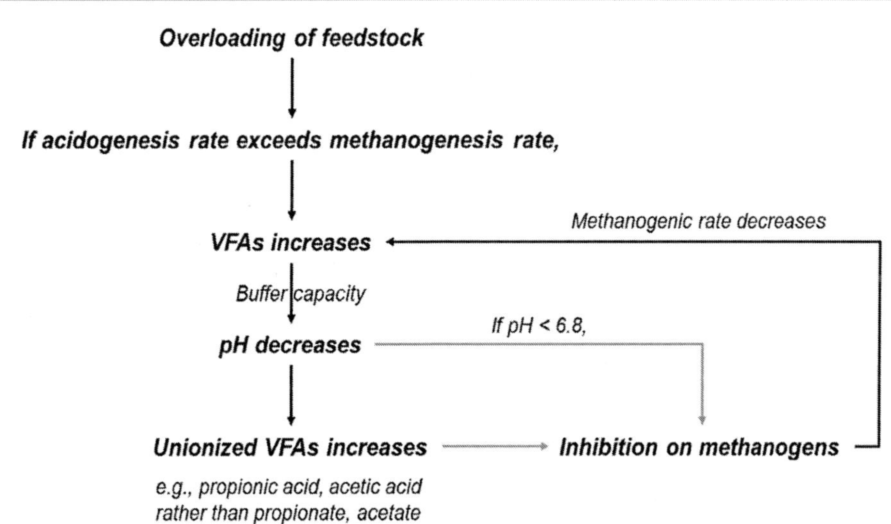

〈그림 16〉 혐기성 소화 공정의 안정성

◈ 구성: 이상(Two stage) 혐기성 소화 공정

이상 혐기성 소화 공정은 두개의 개별 반응조로 구성되어 단상 혐기성 소화 공정과 비교 시 비교적 향상된 공정 효율과 안정성을 확보하기 용이하다. 일반적으로 이상 혐기성 소화 공정은 산생성조와 메탄생성조의 직렬 연결 구조로 구성된다.

가수분해 및 산생성 미생물의 경우, 최적 생장 pH와 HRT는 일반적으로 pH 5~6와 HRT 2~3일로 보고되고 있으며, 메탄생성균은 pH 6.8~7.5와 HRT 15일 이상이 최적 생장 조건으로 알려져 있다. 산생성조에서는 투입 유기성 폐수, 폐기물의 가수분해 및 산생성반응을 위한 세균들이 최적 생장할 수 있는 조건에서 운영되고, 메탄생성조에서는 산생성조에서 생성된 유기산들이 메탄으로 전환되는 메탄생성반응을 위한 세균 및 고세균들이 최적 생장할 수 있는 조건에서 운영되어 해당 반응들의 속도를 극대화할 수 있는 것이 이상 혐기성 소화 공정의 이점이다.

이 뿐만 아니라, 반응조의 온도 또한 이상 분리가 가능한 주요 인자 중 하나로 고려될 수 있다. 가수분해반응이 율속단계인 유기성 폐기물의 혐기성 소화 시에는 가수분해반응속도를 높이기 위해 산생성조만 선택적으로 고온 조건(55°C)에서 운영하는 사례도 보고되고 있다. 다른 특징으로는 산생성조에서는 이산화탄소(CO_2) 뿐만 아니라 수소 가스(H_2)도 바이오가스 형태로 생성될 수 있어, 수소 및 메탄가스 복합 바이오가스 생산을 위한 이상 또는 삼상 혐기성 소화 공정 개발 또한 국내외에서 활발히 연구되고 있다.

• 단상 (single-stage) vs. 이상 (two-stage) 소화조

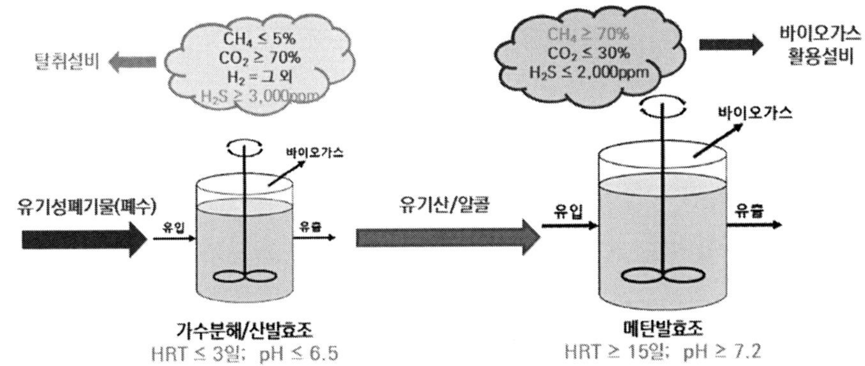

- 물리적으로 분리된 2상 소화조: 생장조건이 서로 다른 산발효균과 메탄발효균을 각각의 최적조건에서 운전 → 각 반응 효율 증대 및 운전 안정성 증대
- 이상 분리 인자 : 체류시간(HRT), pH, 교반방법, 온도 등
- 산발효조 : 완충/가수분해/산생성 역할 → 유기산 생산
- 메탄발효조 : 유기산으로부터 고농도 메탄의 고효율 생산

〈그림 17〉 단상, 이상 혐기성 소화 공정

2.4. 혐기성 소화 주요 인자

혐기성 소화는 다양한 생화학적 반응들이 복잡하게 서로 영향을 주며 진행되는 생화학적 반응으로 반응 주체는 미생물이다. 혐기성 소화 미생물의 생장 및 활성에 의해 혐기성 소화 반응의 반응 효율 및 속도가 결정되며, 이는 미생물의 생장조건과 연관이 있는 다양한 환경적 요인에 의해 영향을 받을 수 있다. 혐기성 미생물의 상호작용은 혐기성 소화 반응의 핵심 요소 중 하나로 호기성 소화는 산소를 전자 수용체로 사용하여 상대적으로 높은 에너지 확보가 가능한 반면, 혐기성 소화는 에너지 수율이 낮은 유기물 등을 전자 수용체로 활용하므로, 각각의 단위 반응에서의 미생물의 생장 및 활성은 서로에게 중요한 영향을 끼치며, 연속적인 혐기성 소화 반응을 위해서는 영양 공생관계 등의 확립이 필요하다.

혐기성 소화 반응에서 율속 단계 일반적으로 휘발성 유기산을 메탄으로 전환하는 반응인 메탄생성반응을 의미한다. 메탄생성반응(휘발성 유기산에서 메탄으로 전환되는 반응)에서 생성되는 에너지 중 대부분의 에너지는 메탄으로 전환되는데 활용되며, 메탄생성균의 생장에는 최소한의 에너지만 공급된다. 이런 에너지 수율의 제한으로 메탄생산균은 성장속도가 제한되며, 일반적인 산생성균 대비 매우 느리게 생장하는 것으로 알려져 있다. 따라서 혐기성 소화 공정의 효율 및 처리 속도를 증진시키기 위해서는 메탄생성균의 생장이 최적으로 생장하는 조건에서 소화 공정을 운영하는 것이 바람직하다.

유입 폐수 또는 폐기물에 느리게 가수 분해되는 입자상 물질이 주요하게 포함되어 있는 경우, 가수분해반응이 혐기성 소화 반응의 율속단계로 고려될 수 있다.

앞서 언급한 것처럼, 특히 산생성반응과 메탄생성반응의 균형이 매우 중요하며, 불균형 유발 시, 휘발성 지방산과 알코올 등이 소화조에 축적되어 혐기성 소화 공정의 불안정성을 유발할 수 있다. 이런 혐기성 소화 반응의 균형 및 반응 속도에 주요한 영향을 주는 인자로는 온도, pH, 체류시간, 유기물 부하량, 영양물질, 혼합, 저해 물질 등이 있다.

◈ 온도

혐기성 소화조의 운영 온도 유지는 혐기성 소화 공정 효율, 처리속도 및 바이오가스 생산량에 직결되는 매우 중요한 요인이다. 목표 온도대비 소화조 온도가 낮아질 경우, 미생물(특히 메탄생성균)의 생장 및 활성 속도가 낮아져 혐기성 소화 반응이 저해 받을 수 있으며, 목표 온도대비 온도가 높아져 메탄생성균의 최적 생장 범위를 넘어설 경우, 메탄생성균이 생장에 저해를 받아 혐기성 소화 반응이 저해 받을 수 있다. 이 경우, 유기산 생성반응과 유기산을 사용하는 메탄생성반응 간의 불균형으로 유기산이 축적될 수 있으므로 소화조 내 유기산 농도, 알칼리도 및 pH에 대한 주기적인 모니터링에 기반한 대응이 필요하다.

뿐만 아니라, 약간의 온도 변화(1~2°C)에도 혐기성 미생물의 생장 및 활성에는 큰 영향을 미칠 수 있으므로 소화조 전반적으로 균일한 온도를 유지하는 것이 매우 중요하며, 이를 달성하기 위해서는 효과적인 혼합전략의 적용이 필요하다. 만약 그렇지 않을 경우, 혐기성 소화조의 특정 부분에는 고온, 특정 부분에는 저온 상태로 온도가 변화하여 공정 효율이 낮아질 수 있으며, 관련 미생물의 생장 및 활성이 저해를 받아 전체공정효율에 영향을 줄 수 있다.

일반적으로 메탄생성균의 경우, 35~40°C의 중온성 범위와 50~60°C의 고온성(호열성) 범위의 두 가지 온도 범위에서 높은 생장 및 활성을 나타낸다. 중온 소화 조건에서 온도를 증가시켜줄 경우, 40~50°C의 온도에서는 저해 영향이 관찰되며 소화조 내 우점 메탄생성균의 군집이 중온성 메탄생성균에서 고온성 메탄생성균으로 전환된다. 하수슬러지, 음식물류폐기물 및 가축분뇨 등 고농도 유기성 폐기물의 경우 중온 소화 조건(35~38°C)에서 소화조를 운영하는 것이 일반적이다.

혐기성 소화 및 메탄생성속도는 소화조의 온도와 비례하며, 고온 혐기성 소화는 중온 혐기성 소화 보다 훨씬 빠른 처리 및 바이오가스 생산 속도를 달성할 수 있다. 하지만 고온 혐기성 소화의 경우, 앞서 언급한 것 처럼 미생물 종 다양성이 적고, 성장 수율이 낮으며, 미생물 생장 속도가 빠른 만큼 미생물 사멸 속도 또한 빨라 일반적으로 중온 혐기성 소화 보다 공정 안정성이 떨어지는 것으로 평가된다. 특히, 온도 변화에 따라 산생성균 및 메탄생성균의 불균형을 더 쉽게 유발할 수 있어 소화조 온도 변동을 최소화하는 것이 매우 중요하다. 기존의 소화조 운영 온도와는 다른 온도로 소화조 온도를 변경하여 운영할 경우, 미생물(특히 메탄생성균)이 적응할 수 있는 시간이 필요하며, 메탄생성균 등의 미생물의 적응 수준을 고려하여 최종 변경 온도까지 점진적으로 온도 변화를 적용시켜 주는 것이 필요하다.

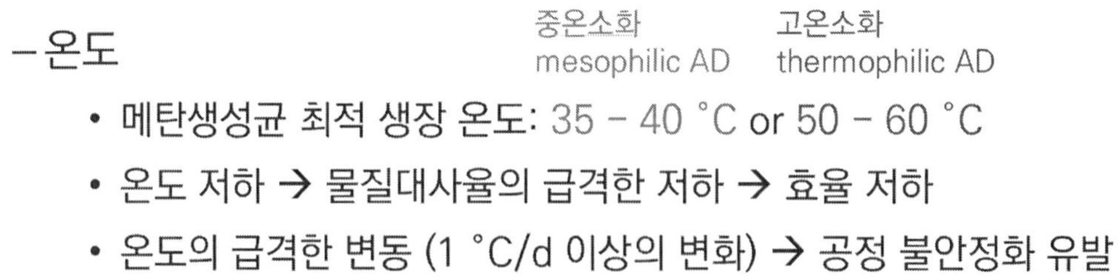

– 온도

중온소화 mesophilic AD　　고온소화 thermophilic AD

- 메탄생성균 최적 생장 온도: 35 – 40 °C or 50 – 60 °C
- 온도 저하 → 물질대사율의 급격한 저하 → 효율 저하
- 온도의 급격한 변동 (1 °C/d 이상의 변화) → 공정 불안정화 유발

〈그림 18〉 혐기성 소화 공정 주요 운영인자: 온도

◈ pH 및 알칼리도

pH는 미생물 생장에 중요한 환경 조건이며 소화조 내 pH의 급격한 변화를 막기 위해서는 적정 수준의 알칼리도(완충물질 농도)를 유지하는 것이 중요하다. 혐기성 소화 미생물의 생장 및 효소의 활성, 그리고 소화 공정의 성능은 pH 직접적으로 영향을 받는다. pH 5.0 이상에서는 산생성균의 생장 및 관련 효소가 활성을 띄나, 메탄생성균의 생장 및 활성을 위해서는 pH 6.2 이상의 조건이 필요하며, 일반적으로 pH 6.8~7.5에서 최적 생장 및 활성을 띄는 것으로 알려져 있다. 유기성 물질은 산생성균에 의해 유기산으로 전환되며, 이렇게 생성된 유기산이 소화조에 축적됨에 따라 소화조 pH가 감소할 수 있다. 생성된 휘발성 유기산이 메탄생성균에 의해 바이오가스(메탄과 이산화탄소)로 전환되면, 소화조 내 유기산이 축적되지 않고 소화조 pH는 6.8~7.5 수준으로 유지될 수 있다.

–pH 제어

- 메탄생성균의 최적 pH: 6.8 – 7.5
- 여러 공정불안정 유발 변인 → 중간산물인 유기산 축적 → pH 저하
- 소화조 내 적정 알칼리도: 2000 – 5000 mg $CaCO_{3\ eq.}$/L
- 알칼리도 보충제: $NaHCO_3$, $Ca(OH)_2$, NaOH, KOH 등

〈그림 19〉 혐기성 소화 공정 주요 운영인자: pH 및 알칼리도

소화조의 알칼리도는 혐기성 소화 공정의 안정성과 직결된다. 적정 수준(또는 높은 수준, 예: 2,000~5,000g $CaCO_3$eq./L 이상)의 알칼리도가 유지된 소화조의 경우, 어느 정도 유기산이 축적되더라도 완충 효과로 pH가 중성 수준(6.8~7.5)에서 크게 변하지 않고 유지될 수 있어 혐기성 소화 공정의 안정성을 확보할 수 있다. 소화조가 그 이하의 알칼리도를 확보하고 있는 경우에는 갑작

스런 유기산 축적에 의한 pH 감소에 대응하기 어려우며, 소화조 산성화와 함께 공정 불안정화 및 효율 감소에 쉽게 노출될 수 있다.

유기성 물질의 혐기성 소화 과정에서 이산화탄소가 생성되면 소화조 액체 내 탄산염(carbonate, CO_3^{2-}), 중탄산염(Bicarbonate, HCO_3^-), 탄산(carbonic acid, H_2CO_3)으로 용존되며, 소화조의 일반적인 pH 조건(6.8~7.5)에서는 중탄산염 형태로 우점하여 소화조 알칼리도의 상당 부분을 차지한다. 이들의 함량은 온도와 pH에 의해 결정된다.

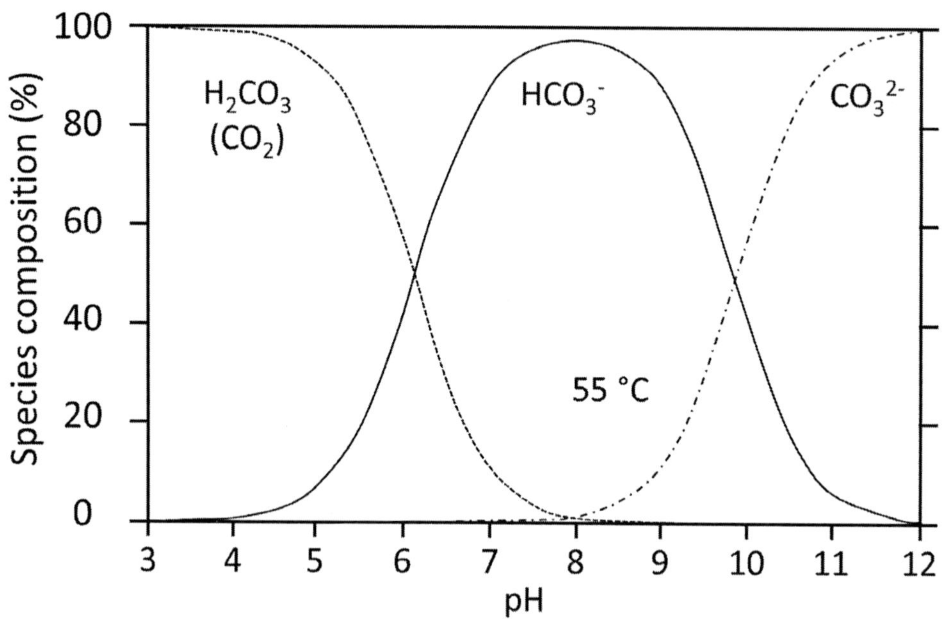

〈그림 20〉 pH에 따른 탄산염, 중탄산염, 탄산 함량

단백질을 함유한 유기성 물질의 혐기성 소화의 경우, 단백질(및 아미노산)의 혐기성 분해의 산물인 암모니아(NH_3)와 암모늄 이온(NH_4^+) 형태로 소화조에 용존되며(이들의 함량은 온도와 pH에 의해 결정됨), 이들 또한 소화조 알칼리도를 증가시킬 수 있다. 고농도 단백질 및 암모니아를 함유한 유기성 폐기물

(예: 가축분뇨)의 혐기성 소화의 경우 소화조 내 암모니아 농도가 보통 3 g total ammonia nitrogen(TAN)/L 이상으로 축적되며, 암모니아 농도가 높아질수록 소화조의 pH도 높아진다. 가축분뇨 혐기성 소화조의 경우 암모니아 농도가 높아 pH가 7.8~8.2 수준으로 높게 유지되는 경우도 보고되고 있으며, 이 경우 메탄생성균이 높은 암모니아로 인한 저해와 최적 생장 조건을 벗어난 높은 pH 조건으로 저해를 받아 메탄생산량이 감소할 수 있다.

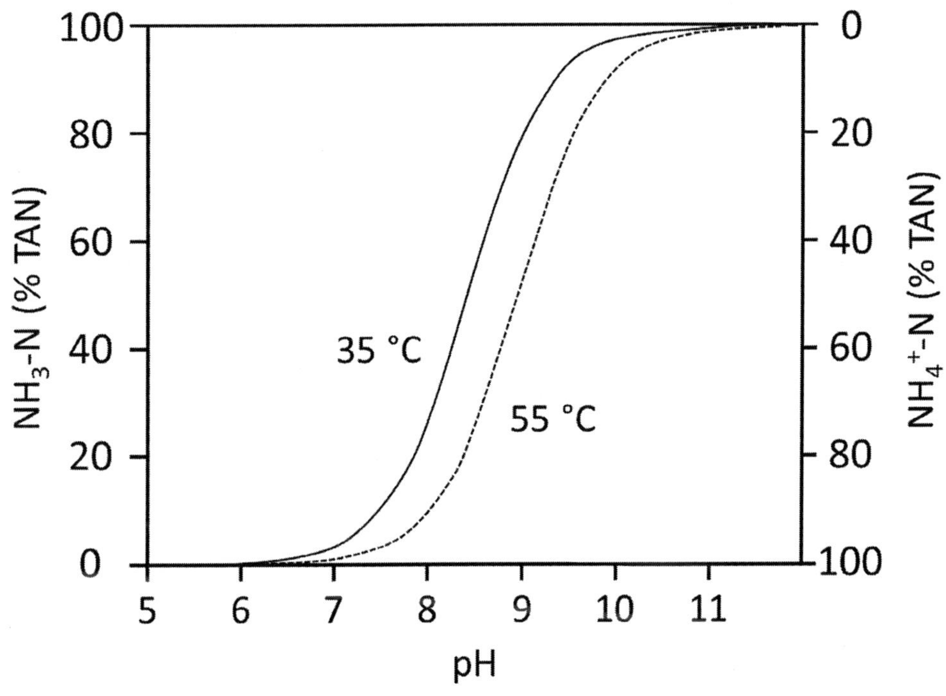

〈그림 21〉 온도 및 pH에 따른 암모니아와 암모늄 이온 함량

혐기성 소화조의 알칼리도와 pH는 다양한 화학물질의 투입을 통해 보충 또는 조절해줄 수 있다. 중탄산나트륨, 중탄산칼륨, 수산화나트륨(가성소다) 및 소석회(수산화칼슘) 등은 높은 용해도와 취급성으로 실규모 혐기성 소화조의 pH와 알칼리도 조정(증가)에 일반적으로 활용되는 화학물질이다. 다만, 소석회

의 경우 과도하게 투입 시 탄산칼슘 침전물이 다량 발생할 수 있어 적절한 속도와 교반을 고려한 투입 전략이 필요하다.

◈ 체류시간

연속식 공정이라함은 유입과 유출이 동시에 지속적으로 일어나는 공정을 의미하며, 유량이 존재한다. 이에, 소화조의 정해진 유효체적 내 유입되어 체류하는 액체와 고형물의 체류시간을 공정의 중요한 운영 인자로 활용된다. 이를 수리학적 체류시간(Hydraulic retention time, HRT)과 고형물 체류시간(Solid retention time, SRT)이라고 한다. HRT는 유입 폐수 또는 폐기물이 소화조에 체류하는 기간을 의미하며, SRT는 고형물, 다시 말해 미생물이 소화조에 체류하는 시간을 의미한다. 반송이 없거나 부착생장 또는 분리막을 통한 고형물 체류를 조정하지 않은 CSTR 형태의 소화조의 경우 HRT와 SRT는 동일하다. 산생성균 등의 세균들은 생장속도가 빨라 일반적으로 1~3일 이상의 SRT를 유지시켜 주면 소화조 내에 체류할 수 있으나, 메탄생성균은 생장속도가 느려 최소 12~15일 이상의 SRT가 유지되어야만 소화조 내 체류하며 메탄생성 반응에 기여할 수 있다. 그 이하의 SRT로 소화조를 운영할 경우, 메탄생성균의 소실(wash-out)이 유발될 수 있다. 따라서 일반적으로 고농도 유기성 폐기물(하수슬러지, 음식물류폐기물, 가축분뇨)을 처리하는 실규모 CSTR 혐기성 소화 공정의 경우 20~30일의 체류시간(SRT, HRT)로 운영하는 것이 일반적이다.

–체류시간 (HRT, SRT)

- 고형물 체류시간, SRT (Solids retention time)
  - 고형물(미생물)이 대상 공정 내 체류하는 시간

$$SRT = \frac{\text{소화조 내 존재하는 고형물(미생물)량 } (g)}{\text{시스템 외부로 배출되는고형물(미생물)량 } (\frac{g}{d})}$$

- 수리학적 체류시간, HRT (Hydraulic retention time, τ)
  - 일정한 조에 일정 유량의 유체가 체류할 수 있는 시간

$$HRT = \frac{V}{Q}$$

V = 반응조 부피 (m^3)
Q = 유량, flow rate (m^3/d)

- 반송이 없거나, 부착생장 생물막 또는 분리막이 적용되지 않은 경우, HRT = SRT
- 호기성 공정보다 세포합성을 위한 에너지 낮게 유지, 느린 생장속도
- 안정적 효율 달성을 위해 많은 시간 필요: CSTR 기준 20 ~ 40일
- 짧은 HRT → 미생물(메탄균) 유실 → 공정 불안정화 → 공정 실패

〈그림 22〉 혐기성 소화 공정 주요 운영인자: 체류시간

앞서 언급한 것처럼 고율(High-rate) 혐기성 소화를 위해서는 짧은 HRT(다시 말해, 높은 유량)에서의 운영이 필수적으로 부착생장 기반 생물막 반응조(예: UASB) 또는 분리막 반응조(AnMBR) 등의 공법의 경우 미생물을 부착생장 또는 분리막으로 소화조 내 장기간 체류시켜 높은 SRT를 유지시켜줄 수 있어, 짧은 HRT에도 안정적인 소화 공정 운영이 가능하다. 짧은 HRT는 단위시간 당, 단위 유효체적 당, 폐수 처리량을 증가시킬 수 있어 소화조 부피 감소에 따른 부지면적 요구량 감소의 이점을 확보할 수 있다. 또한 미생물의 안정적인 체류를 통해 유입 폐수의 유량 및 성상 변동에 따른 충격 부하와 저해물질 유입 또는 생성에 따른 저해에도 CSTR 대비 더 안정적으로 대응할 수 있다는 장점이 있다.

◈ 유기물 부하량

유기물 부하량(Organic loading rate, OLR)은 단위 시간 당, 단위 소화조 유효 체적 당, 소화조에 유입되는 유기물질량을 의미한다. 해당 소화 공정 내 메탄생성균이 감당할 수 없는 수준의 너무 높은 OLR은 유기산 축적 등으로 공정 불안정화 및 실패를 유발하며, 너무 낮은 OLR은 시설 체적 대비 낮은 처리량 및 바이오가스 생산량의 결과를 얻을 수 있어 적정 수준의 OLR로의 운영이 필요하다. 일반적으로 OLR은 휘발성 고형분(Volatile soilds, VS) 또는 화학적산소요구량(Chemical oxygen demand, COD) 농도 기준으로 나타낸다. 고농도 유기성 폐기물을 처리하는 실규모 CSTR 혐기성 소화조의 경우, 1.0~3.5kg VS/m^3/d 또는 1.5~5.5kg COD/m^3/d 범위에서 운영하는 것을 권장하며, 고율 혐기성 소화 공정의 경우 5kg COD/m^3/d 이상으로 운영하는 것이 일반적이다.

- 유기물부하 (organic loading rate, OLR)
  - 단위 소화조 체적 당 유입되는 유기물 농도
  - 처리효율에 직결되는 주요 공정 운영 인자

$$OLR = \frac{Q \cdot S_0}{V}$$

OLR = 유기물부하 (g COD/m^3/d)
V = 반응조 부피 (m^3)
S_0 = 유입 유기물 농도 (g COD/m^3)
Q = 유량, flow rate (m^3/d)

〈그림 23〉 혐기성 소화 공정 주요 운영인자: 유기물 부하량

◈ 영양물질

혐기성 소화 미생물의 생장에 필요한 영양물질은 크게 다량영양물질(Macronutrients), 미량영양물질(Micronutrients, Trace elements)로 나뉜다. 혐기성 소화 미생물의 다량영양물질은 일반적으로 유기물(COD), 질소(N), 인(P)을 의미하며 혐기성 소화조에 대한 영양소 요구량은 COD:N:P 비율로 표기하기도 한다. 해당 물질들이 부족하여 미생물 생장의 제한 사항이 되지 않도록 하기 위해서는 투입 폐수 및 폐기물의 성상을 고려하여 부족한 경우 다른 폐수 및 폐기물과 혼합 또는 추가 투입을 통한 보완이 필요하다. 소화조 내 질소 보충을 위해서는 염화암모늄, 암모니아수, 요소수가 투입될 수 있으며, 인 보충을 위해서는 인산염 등이 투입될 수 있다.

- 영양물질과 미량원소
  - N, P, S 및 필수 미량 금속원소 (철, 망간, 코발트, 니켈, 아연 등) 제공

• 메탄균 성상 (Scherer, 1983)

Element	Concentration mg kg^{-1} dried cell	Element	Concentration mg kg^{-1} dried cell
Macronutrients:		Micronutrients:	
N	65000	Fe	1800
P	15000	Ni	100
K	10000	Co	75
S	10000	Mo	60
Ca	4000	Zn	60
Mg	3000	Mn	20
		Cu	10

• 메탄균 영양물질 요구량
- 기질: VFAs
  - » COD:N:P = 1000:5:1
  - » C:N:P = 330:5:1
- 기질: 탄수화물
  - » COD:N:P = 350:5:1
  - » C:N:P = 130:5:1

〈그림 24〉 혐기성 소화 공정 주요 운영인자: 영양물질

호기성 미생물과 달리 혐기성 소화 미생물의 생장에는 더 다양한 영양물질을 필요로 한다. 다양한 미량원소들과 비타민 등이 요구되며, 특히 메탄생성균의 생장에는 철, 코발트, 니켈(및 몰리브데넘, 텅스텐, 셀레늄 등) 등 다양한 미량

원소들을 필요로 한다. 메탄생성균의 종류 등에 따라 요구되는 미량원소들의 종류 및 농도가 달라 이를 반영한 다양한 혐기성 배지(Anaerobic media)가 보고되고 있다. 혐기성 소화 복합 미생물을 위한 혐기성 배지로는 Angelidaki 2004 배지와 여기서 조금 변형한 Jung 2022 배지(텅스텐 추가투입, 기타 미량원소량 증량 등)등이 있으며, 각 메탄생성균에 대한 최적 생장 배지는 DSMZ(독일생물자원센터) 등 균주 은행에서 확인할 수 있다.

Media comparison (mg/L)

	Angelidaki et al., 2004	Jung et al., 2022	DSMZ. 334. METHANOTHRIX MEDIUM	DSMZ. 120a. METHANOSARCINA BARKERI MEDIUM
N	261.7	261.7	78.5	130.9
P	71.1	71.1	172.0	114.6
S	33.4	33.4	66.7	105.1
Na	774.9	419.1	1261.0	1146.5
K	89.8	89.8	217.2	144.6
Ca	13.6	68.2	30.0	68.2
Mg	12.0	47.8	12.0	49.3
Fe	0.56	0.56	0.28	0.42
Zn	0.024	0.048	0.048	0.034
Cu	0.014	0.048	0.047	0.001
Mn	0.014	0.028	0.028	0.028
Al	0.010	0.010	-	-
Co	0.012	0.047	0.007	0.047
Ni	0.023	0.025	0.025	0.006
Se	0.030	0.030	0.009	-
W	-	0.022	0.022	-
Mo	0.004	0.015	0.012	0.014

〈그림 25〉 혐기성 배지 조성 예

특히 산업폐수의 경우 미량원소들이 결핍되어 있는 경우가 있어 미생물 생장에 충분한 양이 투입될 수 있도록 추가 투입을 통한 보완 또는 해당 물질들을 함유한 다른 폐수와의 혼합 투입이 필요하다. 아미노산, 무기질, 비타민 등 주요 미량물질들을 함유한 효모 추출물(Yeast extract)를 투입해줄 수 있다.

◈ 혼합(Mixing)

소화조 내 혼합은 공정 효율 및 안정성과 직결되는 주요 공정 운영 인자 중 하나이다. 효율적인 혼합은 혐기성 소화 미생물과 기질 및 영양소의 접촉 기회를 늘려주어 대상 유기성 오염물질의 가수분해, 산생성 및 메탄생성반응을 촉진시켜 줄 수 있다. 또한 적절한 혼합은 소화조 내 온도 구배를 최소화해주며, 상부에 생성된 스컴 등을 제어할 수 있다는 이점이 있다.

- 소화조 혼합
  - 목적
    - 유입폐수와 소화바이오매스와의 혼합
    - 내부 온도의 균일화
    - 입자에 부착된 가스의 분리
      → 소화효율 향상
    - 스컴 제어
      → 유효용량 감소 방지
  - 종류
    - 소화가스 재순환
    - 기계식 혼합
    - 펌프 순환

〈그림 26〉 혐기성 소화 공정 주요 운영인자: 혼합

대표적인 혼합 방법으로는 기계적 혼합, 순환 펌프를 통한 혼합 및 가스 재순환 등이 있다. 외부 펌프를 통한 혼합과 프로펠러 또는 터빈을 사용하는 기계적 혼합은 효과적이지만 기기 고장 및 막힘 등 세심한 유지관리가 필요하다. 가스 재순환은 적용하기 용이하지만 혼합 효과가 제한적이다. 국내 고농도 유기성 폐기물 처리 실규모 혐기성 소화 시설의 경우 이 세가지 방법을 선택적으로 적용하고 있으며, 최근 음식물류 폐기물 등 고형분 농도가 높은 폐기물의 경우 이 세가지 방법을 모두 적용하여 혼합을 극대화하는 방향으로 적용되는 사례가 다수 보고되고 있다.

◈ 저해 물질

혐기성 소화 미생물은 다양한 화학물질에 의해 저해(Inhibition) 또는 독성 영향(Toxic effect; Biocidal effect)을 받을 수 있다. 저해는 특정 물질이 특정 농도 이상으로 소화조 내 체류하며 혐기성 소화 미생물의 활성을 대조군 대비 낮추는 반응을 의미하며, 일반적으로 가역적(Reversible)반응이다. 반면, 독성 영향은 특정 농도 이상으로 소화조에 체류 시 미생물를 사멸시켜 개체수를 줄이는 반응을 의미하며, 일반적으로 비가역적(Irreversible) 반응이다.

메탄생성균은 혐기성 소화 미생물 중 가장 저해에 취약한 것으로 알려져 있으나 메탄생성균 군집 종류에 따라 저해 영향은 큰 차이가 있는 것으로 보고되고 있다. 저해 물질의 종류 및 농도에 따라 다르나 저해 영향을 주는 특정 농도 범위 내에서의 저해 영향은 혐기성 미생물의 순응을 통해 극복이 가능하다. 혐기성 미생물이 해당 저해에 순응 시 저해 영향이 저감되고 혐기성 소화 공정이 정상화될 수 있으므로 적절한 순응과 저해영향에 대한 내성이 필요하다.

– 저해물질
- 고농도로 존재 시 메탄균 생장 저해물질 제어 필요
  - 암모니아, 염분 등 → 순응(acclimation) 고려
- 다양한 산업폐수의 혐기성 공정 적용 시 독성검증 필요
  - 페놀 화합물, 포름알데히드, 클로로폼, 트리클로로에틸렌, 시안화물 등

〈그림 27〉 혐기성 소화 공정 주요 운영인자: 저해 물질

암모니아는 가장 대표적인 저해 물질 중 하나이다. 유입폐수 및 폐기물과 함께 가용성 암모니아 형태로 소화조 내로 유입될 수 있으며, 단백질의 분해, 요소화 같은 물질의 분해를 통해 소화조 내 축적되기도 한다. 보통 가축분뇨, 음식물류폐기물, 석탄 공정 등 다양한 폐수 및 폐기물의 혐기성 소화에서 암모니아 축적에 의한 저해가 보고되고 있다.

암모니아가 저농도로 소화조에 존재할 때는 미생물 생장에 필수성분이 되기도 하지만 고농도에서는 저해를 유발한다. 암모니아는 미생물의 질소 제공원으로 200mg N/L 이하의 농도에서는 혐기성 소화 공정에 이로운 영향을 주는 것으로 보고되고 있으나 3g TAN/L 이상의 농도에서는 저해 영향을 주는 것으로 보고되고 있다. 혐기성 소화 공정에서 메탄생산속도에 대한 암모니아의 IC_{50}(Half maximal inhibitory concentration: 특정 저해 물질이 미생물 반응(활성)의 50%를 저해하는데 필요한 농도)는 3.9~19g TAN/L로, 미생물 종류 및 순응(acclimation) 수준, 다른 이온과의 antagonistic/synergistic 영향, 기질 종류, 유리암모니아 농도 영향인자 (예: 온도, pH) 등에 영향을 받아 큰 편차를 나타내는 것으로 보고된다.

고농도의 암모니아는 두 가지 다른 기작으로 미생물 생장 저해를 유발하는 것으로 알려져 있다. 첫 번째로는, 미생물 대사 핵심 효소(예: 메탄균의 경우 메탄 합성 효소)가 유리암모니아(free ammonia, NH_3)에 직접적으로 저해받는 경우이다. 두 번째로는, 소수성 특성을 가진 유리암모니아가 소수성인 미생물 세포막/벽을 통과하여 세포 내에서 암모늄이온 (ammonium ion, NH_4^+)으로 축적되며, 내부 pH 시스템 및 대사(proton motive force)를 교란시키는 기작이다. 결론적으로 혐기성 소화 미생물에 대한 암모니아 저해 영향은 암모늄 이온 보다 유리암모니아 농도에 의해 크게 영향받는 것으로 보고되고 있다. 유리암모니아 농도는 암모니아 농도, 온도, pH에 대한 식으로 설명된다.

$$\mathrm{FA} = \frac{17}{14} \times \frac{TAN \times 10^{pH}}{\frac{K_b}{K_w} + 10^{pH}} = \frac{17}{14} \times \frac{TAN \times 10^{pH}}{e^{\frac{6344}{273+T}} + 10^{pH}} \quad \text{(식 1)}$$

FA = 유리암모니아 (mg/L), TAN = 총 암모니아 질소 (mg N/L)

TAN (g/L)	FAN (mg/L)	메탄생성반응 저해(%)	기질	온도	참고문헌
≥3		IC	Swine manure	Mesophilic	(Van Velsen et al., 1979)
≥5		IC	Sludge		
6	143	27	Poultry manure	Mesophilic	(Webb & Hawkes, 1985)
3.9 - 5.6	215 - 468	50	Organic fraction of MSW	Mesophilic - Thermophilic	(Benabdallah El Hadj et al., 2009)
3.8	146	50	Food waste	Mesophilic	(Ariunbaatar et al., 2015)
4.1 - 5.7		56.5	Potato juice	Mesophilic	(Koster & Lettinga, 1988)
19		50	Mashed biowaste	Mesophilic	(Poirier et al., 2016)
	≥80	IC	Acetate	Mesophilic	(de Baere et al., 1984)
4.5		50	Acetate	Mesophilic	(Kugelman & McCarty, 1965)
6.4	250	50	Acetate	Mesophilic	(Lee et al., 2019)

* TAN: Total ammonia nitrogen (총 암모니아성 질소), FAN: Free ammonia nitrogen (유리암모니아성 질소), IC: 저해 시작 농도

〈그림 28〉 메탄생성반응에 대한 암모니아 저해 농도

암모니아 저해 영향은 메탄생성균의 순응, pH 조절 또는 슬러지 희석을 통해 완화될 수 있다.

혐기성 소화조의 부산물인 황화수소는 고농도로 독성을 나타낼 수 있다. pH에 따라 황화수소의 저해 영향이 달라지며, 특히 메탄생성반응에 저해 영향을 줄 수 있다. 대표적인 아세트산이용 메탄생성균 중 하나인 Methanosaeta concilii의 경우, 황화수소 농도가 400mg S/L 이상의 조건에서 황화수소에

의한 저해영향이 확인되었으며, IC_{50}는 1,564mg S/L로 보고되고 있다. 황화수소의 저해 영향을 줄이는 데 도움이 되는 방법은 철을 첨가하여 황화수소를 침전시키는 방법이 있다.

나트륨 이온(Na^+)은 혐기성 소화 미생물의 에너지대사 (ATP 합성과 NADH 산화)에 중요역할을 하는 것으로 알려져 있으며, 소화조 내 230~350mg Na^+/L의 나트륨 이온 농도가 메탄생성균의 최적생장 조건으로 보고되고 있다.

고농도의 나트륨 이온은 미생물 외부의 삼투압(osmotic pressure)을 증가시켜 미생물 탈수(dehydration) 및 생장 저해를 유발할 수 있다. 호염성(halophilic) 및 내염(halotolerant) 미생물은 삼투스트레스에 대해 두가지 다른 전략으로 대응하는 것으로 보고된다. 첫 번째 전략은 염 축적 (salt-in-cytoplasm)이다. 염 축적 전략은 무기성 양/음이온(K^+, Na^+, Cl^- 등)들을 세포질(cytoplasm)에 축적하여 외부 염도와 평행을 이뤄 삼투압 스트레스를 줄이는 방식이다. 이 과정에서 고염도에 노출된 세포 내 효소 및 구조 단백질들의 순응을 위해서는 적정 순응기간이 요구되며, 이와 함께 미생물 생장에 저해를 미칠 수 있다. 두 번째 전략은 호환성 용질 축적(accumulation of compatible solute)이다. 호환성 용질 축적은 대사반응 중 생성되거나 외부에서 유입된 호환성 용질(낮은 분자량 유기성 용질로 수용성이며, 미생물 대사에 무해한 물질)을 세포 내에 축적하여 외부와의 삼투평형을 이루는 방법이다. 이 경우 세포 내 염농도는 증가하지 않으므로, 전자와는 다르게 미생물의 순응기간 짧고 생장 저해가 미비하다. 혐기성 소화 공정에서 메탄발생에 대한 나트륨의 IC_{50}는 3.5~13g Na^+/L로, 미생물 종류 및 순응 수준, 다른 이온과의 antagonistic/synergistic 영향, 기질 종류, 온도 등에 크게 달라지는 것으로 보고되고 있다.

Na+ (g/L)	메탄생성반응 저해(%)	기질	온도	참고문헌
2.0	36	Food wastewater	Mesophilic	(Lee et al., 2009)
4.0	41			
7.1 - 7.7	51 (in COD removal)	Food wastewater	Thermophilic	(Lee et al., 2016)
3.9	50	Food waste	Mesophilic	(Oh et al., 2008)
13.8	87			
23.6	100			
7.9	37	Starch & peptone	Mesophilic	(Wang et al., 2017)
6.0 - 13.0	50	Volatile fatty acids	Mesophilic	(Feijoo et al., 1995)
12.7 - 22.8	100	Volatile fatty acids	Thermophilic	(Chen et al., 2003)
5.0	10	Acetate	Mesophilic	(Rinzema et al., 1988)
10.0	50			
14.0	100			
3.5	50	Acetate	Mesophilic	(Dolfing & Bloeman, 1985)
9.0	50	Acetate	Mesophilic	(Onodera et al., 2013)
7.4	50	Acetate	Mesophilic	(Kugelman & McCarty, 1965)
4.0	50	Acetate	Mesophilic	(Lee et al., 2019)
7.8	100	Acetate	Mesophilic	(Suwannoppadol et al., 2012)

〈그림 29〉 메탄생성반응에 대한 나트륨 이온 저해 농도

그 외 칼륨, 칼슘, 마그네슘 그리고 다양한 중금속(구리, 니켈 등)은 저해 영향을 유발할 수 있다. 다만 용해성 이온 형태의 중금속이 저해영향을 유발하며, 소화조 내 미생물 군집, pH, 온도 그리고 다른 양이온 금속 및 물질, 음이온 물질의 농도에 따라 저해 영향이 다른 것으로 보고되고 있다. 금속 황화물 침전법을 통해 이러한 독성을 완화시킬 수 있다.

그 외에도 저해 및 독성 영향을 주는 화학물질들이 다양하게 보고되고 있다.

벤젠 화합물, 시안화물, 포름알데히드, 페놀 화합물, 염화탄화수소, 긴사슬지방산, 휘발성 유기산 등이 혐기성 소화 미생물에 저해 및 독성 영향을 줄 수 있는 것으로 보고되고 있다.

2.5. 혐기성 소화 운전 및 관리

혐기성 소화 공정의 성공적인 운영을 위해서는 공정 안정성과 높은 공정 성능(유기물 처리율, 바이오가스 발생량)을 달성하는 것이 매우 중요하다. 이를 위해서는 대상 혐기성 소화 공정의 운영 상황을 파악하고 최적으로 운영할 수 있도록 운영 방향을 설정하는 것이 중요하다.

대상 혐기성 소화조의 운영 상태 및 소화의 진행상태 파악을 위해서는 유입 폐수량, 소화슬러지량, 유출수량 및 가스발생량을 정기적으로 측정해주어야 하며, 유입폐수와 소화슬러지의 성상을 파악하기 위해 온도, TS, VS, COD, pH, 휘발산 및 알칼리도를 정기적으로 측정 또는 분석이 필요하며, 또한 발생한 바이오가스의 메탄함량 측정이 필요하다. 보다 높은 수준의 공정 해석을 위해서는 소화슬러지 내 미생물에 대한 정성 및 정량적 분석도 정기적으로 수행되어야 한다.

- Process parameters
  - 〈digester design〉
    - – Working volume (m^3)
    - – HRT (d)
    - – SRT (d)
    - – Q (flow rate, m^3/d)
  - 〈digester operation〉
    - – temperature (˚C)
    - – pH
    - – Alkalinity (mg $CaCO_3$ eq./L)
    - – VFAs (g/L)
    - – Microbes: VSS (g/L), QPCR
- Performance parameters
  - 〈organic removal〉
    - – VS removal (%, kg/m^3/d, kg/kg VSS/d)
    - – COD removal (%, kg/m^3/d, kg/kg VSS/d)
      - Other specific organics (%, kg/m^3/d)
  - 〈biogas generation〉
    - – Biogas production (m^3/d)
    - – Biogas production rate (m^3/m^3/d)
    - – CH_4 content (%)
    - – CH_4 production rate (m^3 CH_4/m^3/d)
    - – specific CH_4 production rate (m^3 CH_4/kg VSS/d)
    - – CH_4 yield (m^3 CH_4/kg $COD_{removed}$)

〈그림 30〉 공정 설계 및 운영 인자와 공정 효율 인자

- 유기물 제거율: 예) COD 제거율 (%, kg COD/m^3/d)
  - 제거율 (%): ($COD_{유입}$-$COD_{유출}$)/$COD_{유입}$ x 100%
  - 제거속도 (kg COD/m^3/d): ($COD_{유입}$-$COD_{유출}$)/HRT
  - 비제거속도 (kg COD/kg VSS/d): ($COD_{유입}$-$COD_{유출}$)/HRT/$VSS_{소화조}$
    - $COD_{유입}$ (kg COD/m^3): 소화조 유입 폐수의 COD 농도
    - $COD_{유출}$ (kg COD/m^3): 소화조 유출수의 COD 농도
    - HRT (d): 소화조 HRT
    - $VSS_{소화조}$ (kg VSS/m^3): 소화조 VSS 농도
    - $유효체적_{소화조}$ (m^3): 소화조 유효체적
    - 유량 (m^3/d)

- 예제1) HRT는 25일로 운영되는 CSTR 혐기성 소화조(유효체적: 1,000 m^3)로 유입폐수농도는 100 g COD/L, 유출수농도는 20 g COD/L, 소화조 VSS 농도는 10 g VSS/L, 일일 바이오가스 생성량은 1,500 m^3/d, 메탄함량은 70%임. 해당 소화조의 COD 제거율, 제거속도, 비제거속도는?
  - COD 제거율 (%) = 80%
  - COD 제거속도 = 3.2 g COD/L/d = 3.2 kg COD/m^3/d
  - COD 비제거속도 = 0.32 g COD/g VSS/d = 0.32 kg COD/kg VSS/d

- 바이오가스 발생량
  - BG 생성량 (m^3/d): 일일 바이오가스 생성량
  - CH_4 생성량 (m^3 CH_4/d): BG생성량 x CH_4함량/100%
  - CH_4 생성속도 (m^3 CH_4/m^3/d): (BG생성량/$유효체적_{소화조}$) x CH_4함량/100%
  - 비 CH_4 생성속도 (m^3 CH_4/kg VSS/d): (BG생성량/$유효체적_{소화조}$) x (CH_4함량/100%)/$VSS_{소화조}$
  - CH_4 yield (m^3 CH_4/kg $COD_{removed}$): (CH_4 생성속도)/(COD 제거속도)
    - CH_4 함량 (%): 생성 바이오가스 중 CH_4 함량
    - $VSS_{소화조}$ (kg VSS/m^3): 소화조 VSS 농도
    - $유효체적_{소화조}$ (m^3): 소화조 유효체적

- 예제2) HRT는 25일로 운영되는 CSTR 혐기성 소화조(유효체적: 1,000 m^3)로 유입폐수농도는 100 g COD/L, 유출수농도는 20 g COD/L, 소화조 VSS 농도는 10 g VSS/L, 일일 바이오가스 생성량은 1,500 m^3/d, 메탄함량은 70%임. 해당 소화조의 메탄생성량, 메탄생성속도, 비메탄생성속도는?
  - CH_4 생성량 = 1,050 m^3 CH_4/d
  - CH_4 생성속도 = 1.05 m^3 CH_4/m^3/d
  - 비 CH_4 생성속도 = 0.105 m^3 CH_4/kg VSS/d
  - CH_4 yield = 0.328 m^3 CH_4/kg $COD_{removed}$

〈그림 31〉 공정 효율 인자: 유기물 제거율, 바이오가스 발생량 등

운영 데이터(유량, 유기물 부하량, HRT, SRT 등)와 분석 데이터(온도, pH) 및 공정 성능 데이터(유기물 처리율, 바이오가스 생산속도(메탄생산속도) 등)을

모니터링하여 소화조의 공정 이상상황을 진단하고, 이상이 발생했을 경우 정상 시 기록과 비교하여 원인 파악 및 신속하고 적절한 조치를 통해 공정 정상화를 조기에 달성하는 것이 필요하다.

III. 혐기성 소화 미생물

3.1. 혐기성 소화 미생물 개요

3.2. 혐기성 소화 미생물 분석법

3.1. 혐기성 소화 미생물 개요

3.1.1. 혐기성 소화 공정 및 미생물 개요

혐기성 소화는 폐수를 처리하는 데 적용된 가장 오래된 생물학적 처리 기술 중 하나로 슬러지의 적은 발생, 유용한 메탄 가스의 생산, 낮은 에너지 소비, 적은 공간 요구 사항 및 전반적인 낮은 운영 비용 등과 같은 이점을 가진 대표적인 생물학적 폐수 및 폐기물 처리 기술이다. 현재 혐기성 소화 공정은 하수 슬러지, 음식물류 폐수, 화학 및 농업 폐수 및 하수를 포함한 다양한 복합 유기 폐수 및 폐기물 처리에 널리 적용되고 있다.

혐기성 소화 공정의 장점은 다음과 같다.

첫째, 호기성 소화 처리 대비 소화 슬러지 발생량이 적다. 예를 들어, 호기성 소화를 통해 유기물의 절반 가량이 미생물 세포로 전환되고, 이를 처리하기 위해서는 지속적인 지출이 필요하다. 반면 혐기성 소화는 유기물의 의 ~5% 가량만 미생물 세포로 전환되므로 이러한 소화 슬러지 처리 문제가 상당히 줄어듭니다.

둘째, 호기성 소화에 비해 혐기성 소화에서는 미생물 세포 합성 요구량이 적기 때문에 미생물 생장에 필수적인 영양소인 질소와 인 요구량이 적다.

셋째, 유기성 폐수 또는 폐기물의 혐기성 소화의 최종 산물로 바이오가스(메탄 함량 50~75%)를 생산할 수 있으며, 이는 난방 또는 전기 생성에 사용할 수 있는 에너지원으로 활용될 수 있다. 후처리를 통해 고순도 메탄으로 정제 시 도시가스 대용으로 활용 가능하다. 혐기성 소화 공정은 에너지 생산 공정으로 혐기성 소화 공정 운영에 필요한 에너지뿐만 아니라 그 외 주변 시설에 에너지를 제공해줄 수 있어 추가 수입을 통한 지속가능한 경제성을 확보할 수 있다.

넷째, 단위 반응기 부피당 유기 부하는 호기성 소화에 비해 상대적으로 매우 높게 설정하여 운영할 수 있다. 혐기성 소화 공정의 일반적인 유기물 부하는 1.5~5.5kg COD/m^3/d인 반면 호기성 소화의 경우 산소(O_2) 물질 전달 제한으로 인해 1kg COD/m^3/d 미만으로 유기물 부하량을 조절하여 운영한다. 이러한 이유로, 혐기성 소화는 고농도 유기성 폐기물 및 폐수 처리(5~200g COD/L)에 널리 적용되고 있다.

혐기성 소화 공정은 미생물에 의해 유기물이 산화 및 환원 반응을 거쳐 가장 산화된 형태의 가스인 이산화탄소(CO_2)와 가장 환원된 형태의 가스인 메탄(CH_4)으로 전환되는 생물학적 처리 공정이다. 혐기성 소화는 가수분해, 산생성, 산생성 및 메탄생성의 네 단계로 나눌 수 있다. 먼저, 가수분해 단계에서 복잡한 불용성 물질은 가수분해 미생물에 의해 생성된 가수분해 효소에 의해 가용화된다. 후속 산생성 단계에서 가수분해의 생성물을 포함하는 가용성 유기 성분은 유기산, 알코올, 수소 및 이산화탄소로 전환된다. 그 후, 산생성의 생성물은 초산, 수소 및 이산화탄소로 전환되며, 마지막으로, 아세트산, 수소 및 이산화탄소가 메탄으로 전환된다. 메탄생성반응은 전체 혐기성 소화 과정에서 율속단계(속도 제한 단계)로 여겨지기 때문에, 메탄생성 단계의 활성은 전체 혐기성 소화 공정의 처리 속도를 결정짓는 핵심 요소이다.

메탄생성균은 에너지 대사의 일부로서 메탄 합성을 할 수 있는 절대 혐기성 미생물이며, 지금까지 보고된 모든 메탄생성균은 고세균(Archaea)에 속하는 것으로 보고되고 있다.

메탄생성균은 세 가지 주요 영양 범주로 나뉠 수 있다: (1) 수소영양성 메탄생성균, H_2 및 CO_2의 산화, 환원 반응으로 메탄을 형성하는 메탄생성균; (2) 메탄올, 메틸아민 또는 디메틸설파이드와 같은 메틸 화합물을 사용하여 메탄을 생성하는 메틸영양 메탄생성균; (3) 아세트산을 사용하여 메탄을 생성하는 아세트산이용성 메탄생성균. 이 중 혐기성 소화조에서 가장 우점적인 반응은 소화조의 처리 유기성폐기물, 온도, 초기 식종원, 암모니아 농도, 운영조건 등에 따라 다르나 일반적으로 메탄 생성량의 70%는 아세트산을 통해 생성되는 것으로 보고되고 있다.

메탄생성균은 계통 분류학적으로 34개 속(Genus) 152 종(Species) (2018년 기준)으로 구성되어 있는 것으로 보고되고 있다. 메탄생성균은 종별로 대사(즉, 기질) 및 생장 조건(즉, 온도 및 pH)이 다양하게 분포되어 있다. 이 중 대다수의 메탄생성균은 수소이용성 메탄생성균으로 종 다양성이 가장 크며, Methanosaeta(Methanothrix로도 알려짐)와 Methanosarcina 두 속만 아세트산이용성 메탄생성균 속에 속해 있는 것으로 보고되고 있다.

Name	Type strain	Temperature		pH		Substrate					References
		Growth range	Optimum	Growth range	Optimum	Acetate	H_2+CO_2	Formate	Methyl amines	Others	
Methanobacterium aarhusense	H2-LR (DSM-15219)	15–45	45	6–9	7.5–8		o				Shlimon et al., 2004
Methanobacterium alcaliphilum	WeN4 (DSM-3387)	25–45	37	7–9.9	8.1–9.1		o				Worakit et al., 1986
Methanobacterium arcticum	M2 (DSM-19844)	15–45	37	5.5–8.5	6.8–7.2		o	o			Shcherbakova et al., 2011
Methanobacterium beijingense	8-2 (DSM-15999)	25–50	37	6.5–8.6	7.2–7.7		o	o			Ma et al., 2005
Methanobacterium bryantii	MoH (DSM-863)	25–50	37–39	5.8–8.8	6.9–7.2		o			o	Balch et al., 1979
Methanobacterium congolense	C (DSM-7095)	25–50	37–42	5.9–8.2	7.2–7.2		o				Cuzin et al., 2001
Methanobacterium espanolae	GP9 (DSM-5982)	15–50	35	4.6–7	5.6–6.2		o				Patel et al., 1990
Methanobacterium ferruginis	Mic6c05 (DSM-21974)	20–45	40	5.5–9	6–7.5		o				Mori et al., 2011
Methanobacterium flexile	GH (DSM-25939)	10–50	35–38	6.5–9.5	6.5–9.5		o	o			Zhu et al., 2011
Methanobacterium formicicum	MF (DSM-1535)	25–50	37–45		6.6–6.8		o	o		o	Bryant et al., 1987
Methanobacterium ivanovii	Ivanov (DSM-2611)	15–55	45–45	6.5–8.5	7–7.4		o				Jain et al., 1987
Methanobacterium kanagiense	169 (DSM-22026)	15–45	40	6.5–9.6	7.5–8.5		o				Kitamuraet al., 2011
Methanobacterium lacus	17A1 (DSM-24406)	14–41	30	5–8.5	6.5–6.5		o			o	Borrel et al., 2012
Methanobacterium movens	TS-2 (DSM-25945)	10–50	35–38	6–9	6–9		o				Zhu et al., 2011
Methanobacterium movilense	MC-20 (DSM-26032)	0–44	33	6.2–9.9	7.4		o	o	o	o	Schirmack et al., 2014
Methanobacterium oryzae	FPi (DSM-11106)	15–45	40	5.5–9	7.0		o	o			Joulian et al., 2000
Methanobacterium palustre	F (DSM-3108)	20–45	33–37		7.0		o	o		o	Zellner et al., 1988
Methanobacterium petrolearium	Mic5c12 (DSM-22353)	20–40	35	5.5–9	6.5		o				Mori et al., 2011
Methanobacterium subterraneum	A8p (DSM-11074)	3.5–40	20–40	6.75–9.2	7.8–8.8		o	o			Kotelnikova et al., 1998
Methanobacterium thermaggregans	DSM3266 (DSM-3266)	50–70	65	5.5–9.5	7–7.5		o				Blotevogel et al., 1985
Methanobacterium uliginosum	P2St (DSM-2956)	15–45	40	6–8.5	6–8		o				Konig, 1987
Methanobacterium veterum	MK4 (DSM-19849)	10–46	28	5.2–9.4	7–7.2		o			o	Krivushin et al., 2010
Methanobrevibacter acididurans	ATM (DSM-15163)	25–37	35	5–7.5	6.0		o				Savant et al., 2002
Methanobrevibacter arboriphilus	DH1 (DSM-1125)	10–45	30–37		7.5–8		o				Zeikus et al., 1975
Methanobrevibacter boviskoreani	JH1 (DSM-25824)		37–40		6.5–7		o	o			Lee et al., 2013
Methanobrevibacter curvatus	RFM-2 (DSM-11111)	20–30	30	6.5–8.5	7.1		o				Leadbetter et al., 1996
Methanobrevibacter cuticularis	RFM-1 (DSM-11139)	10–37	37	6.5–8.5	7.7		o	o			Leadbetter et al., 1996
Methanobrevibacter filiformis	RFM-3 (DSM-11501)	10–33.5	30	6–7.5	7–7.2		o				Leadbetter et al., 1998
Methanobrevibacter gottschalkii	HO (DSM-11977)		37		7.0		o				Miller et al., 2002
Methanobrevibacter millerae	ZA-10 (DSM-16643)	33–43	36–42	5.5–10	7–8		o	o			Rea et al., 2007

〈그림 32〉 메탄생성균 종 (152 종)

Name	Type strain	Temperature		pH		Substrate					References
		Growth range	Optimum	Growth range	Optimum	Acetate	H_2+CO_2	Formate	Methyl amines	Others	
Methanobrevibacter olleyae	KM1H5-1P (DSM-16632)	28–42	28–42	6–10	7.5–7.5		o	o			Rea et al., 2007
Methanobrevibacter oralis	ZR (DSM-7256)	25–39	35–37	6.2–8	6.9–7.4		o				Ferrari et al., 1994
Methanobrevibacter ruminantium	M1 (DSM-1093)		33		6.3–6.8		o	o			Smith et al., 1958
Methanobrevibacter smithii	PS (DSM-861)		37–39		6.9–7.4		o	o			Balch et al., 1979
Methanobrevibacter thaueri	CW (DSM-11995)		37		7.0		o				Miller et al., 2002
Methanobrevibacter woesei	GS (DSM-11979)		37		7.0		o	o			Miller et al., 2002
Methanobrevibacter wolinii	SH (DSM-11976)		37		7.0		o				Miller et al., 2002
Methanocalculus chunghsingensis	K1F9705b (DSM-14539)	20–45	37	6–8	7.2		o	o			Lai et al., 2004
Methanocalculus halotolerans	SEBR 4845 (DSM-14092)	28–45	38	7–8.4	7.6		o	o			Ollivier et al., 1998
Methanocalculus natronophilus	Z-7105 (DSM-25006)	14–45	30–37	8–10.2	9–9.5		o	o			Zhilina et al., 2014
Methanocalculus pumilus	KHT-1 (DSM-12632)	25–45	35	5.5–9	7.0		o	o			Mori et al., 2000
Methanocalculus taiwanensis	P2F9704a (DSM-14663)	28–45	37	5.6–8.3	6.7		o	o			Lai et al., 2002
Methanocaldococcus fervens	AG86 (DSM-4213)	48–92	85	5.5–7.6	6.5		o				Jeanthon et al., 1999
Methanocaldococcus indicus	SL43 (DSM-15027)	50–86	85	5.5–6.7	6.5		o			o	L Haridon et al., 2003
Methanocaldococcus infernus	ME (DSM-11812)	55–91	85	5.25–7	6.5		o				Jeanthon et al., 1998
Methanocaldococcus jannaschii	JAL-1 (DSM-2661)	50–85	85	5.2–7	6.0		o				Jones et al., 1983
Methanocaldococcus villosus	KIN24-T80 (DSM-22612)	55–90	80	5.5–7	6.5		o				Bellack et al., 2011
Methanocaldococcus vulcanius	M7 (DSM-12094)	49–89	80	5.25–7	6.5		o				Jeanthon et al., 1999
Methanocella arvoryzae	MRE50 (DSM-22066)	37–55	45	6–7.8	7.0		o	o			Sakai et al., 2010
Methanocella conradii	HZ254 (DSM-24694)	37–60	50–55	6.4–7.2	6.8		o				Lu et al., 2012
Methanocella paludicola	SANAE (DSM-17711)	25–40	35–37	6.5–7.8	7.0		o	o			Sakai et al., 2008
Methanococcoides alaskense	AK-5 (DSM-17273)	2.3–28.4	23.6		6.3–7.5				o		Singh et al., 2005
Methanococcoides burtonii	ACE-M (DSM-6242)	1.7–29.5	23.4	6.8–8.2						o	Franzmann et al., 1992
Methanococcoides methylutens	TMA-10 (DSM-2657)	15–40	30–35	6–8	7–7.5				o	o	Sowers et al., 1983
Methanococcoides vulcani	SLH33T (DSM-26966)		30		7.0				o	o	L'Haridon et al., 2014
Methanococcus aeolicus	Nankai-3 (DSM-17508)	10–50	46	4.3–7.5	7.0		o				Kendall et al., 2006
Methanococcus maripaludis	JJ (DSM-2067)	50–85	85	5.2–7	6.0		o				Jones et al., 1983
Methanocorpusculum bavaricum	SZSXXZ (DSM-4179)	15–40	37		7.0		o	o		o	Zellner et al., 1989
Methanocorpusculum labreanum	Z (DSM-4855)	25–40	37	6.5–7.5	7.0		o	o			Zhao et al., 1989
Methanocorpusculum parvum	XII (DSM-3823)	20–40	37		6.8–7.5		o	o		o	Zellner et al., 1987
Methanocorpusculum sinense	China Z (DSM-4274)	15–45	30		7.0		o	o			Zellner et al., 1989
Methanoculleus bourgensis	MS2 (DSM-3045)	30–50	37	5.5–8	6.7		o	o			Ollivier et al., 1986
Methanoculleus chikugoensis	MG62 (DSM-13459)	15–40	25	6.7–8	6.7–7.2		o	o		o	Dianou et al., 2001
Methanoculleus horonobensis	T10 (DSM 21626)	25–45	37–42	5.8–8.2	6.7–6.8		o	o			Shimizu et al., 2013
Methanoculleus hydrogenitrophicus	HC (DSM-25996)	18–45	37	5–8.5	6.6		o				Tian et al., 2010
Methanoculleus marisnigri	JR1 (DSM-1498)	15–48	20–25	6–7.6	6.2–6.6		o	o			Romesser et al., 1979
Methanoculleus palmolei	INSLUZ (DSM-4273)	22–50	40	6.5–8	6.9–7.5		o	o		o	Zellner et al., 1998
Methanoculleus receptaculi	ZC-2 (DSM-18860)	30–65	50–55	6.5–8.5	7.5–7.8		o	o			Cheng et al., 2008
Methanoculleus sediminis	S3Fa (DMS-29354)		37		7.1		o	o		o	ng-Chung Chen et al., 2015
Methanoculleus submarinus	Nankai-1 (DSM-15122)	15–50	35–45	4.8–8.7	5.1–7.7		o	o			Mikucki et al., 2003
Methanoculleus thermophilus	CR-1 (DSM-2373)	37–65	55	6.5–7.8	7.0		o	o			Rivard et al., 1982
Methanofollis aquaemaris	N2F9704 (DSM-14661)	20–43	37	6.3–8	5.6–6.5		o	o			Lai et al., 2001
Methanofollis ethanolicus	HASU (DSM-21041)	15–40	37	6.5–7.5	7.0		o	o		o	Imachi et al., 2009
Methanofollis formosanus	N2M9704 (DSM-15483)	20–42	37	5.6–7.3	6.6		o	o			Wu et al., 2005
Methanofollis liminatans	GKZPZ (DSM-4140)	20–45	40		7.0		o	o		o	Zellner et al., 1990
Methanofollis tationis	DSM 2702 (DSM-2702)	25–45	37–40	6.3–8.8	7.0		o	o			Zabel et al., 1984
Methanogenium boonei	AK 7 (DSM-17338)	5–25.6	19.4	6.4–7.8			o	o			Kendall et al., 2007
Methanogenium cariaci	JR1 (DSM-1497)	15–35	20–25	6–7.5	6.8–7.2		o	o			Romesser et al., 1979
Methanogenium frigidum	Ace-2 (DSM-16458)	0–17	15	6.3–8	7.5–7.9		o	o			Franzmann et al., 1997
Methanogenium marinum	AK-1 (DSM-15558)	5–25	25	5.5–7.7	6–6.6		o	o			Chong et al., 2002
Methanogenium organophilum	CV (DSM-3596)	30–39	30–35		6.4–7.3		o	o		o	Widdel et al., 1988
Methanohalobium evestigatum	Z-7303 (DSM-3721)										Zhilina et al., 1987
Methanohalophilus euhalobius	283 (DSM-10369)	15–50	28–37	5.8–8	6.8–7.3				o	o	Davidova et al., 1987
Methanohalophilus halophilus	Z-7982 (DSM-3094)	18–40	26–36	6.3–8	6.5–7.4				o		Zhilina et al., 1984
Methanohalophilus levihalophilus	GTA13 (DSM 28452)	20–40	35	6.2–8.3	7–7.5				o		Katayama et al., 2014
Methanohalophilus mahii	SLP (DSM-5219)	20–45	35–37		7.5				o	o	Paterek et al., 1988
Methanohalophilus portucalensis	FDF-1 (DSM-7471)	25–48	40	6–8.4	6.5–7.5				o	o	Boone et al., 1993

〈그림 32〉 메탄생성균 종 (152 종)

Name	Type strain	Temperature		pH		Substrate					References
		Growth range	Optimum	Growth range	Optimum	Acetate	H_2+CO_2	Formate	Methyl amines	Others	
Methanolacinia paynteri	G-2000 (DSM-2545)	25–42	40	6.6–7.3	7.0		o				Rivard et al., 1983
Methanolinea mesophila	TNR (DSM-23604)	20–40	37	6.5–7.4	7.0		o	o			Sakai et al., 2012
Methanolinea tarda	NOBi-1 (DSM-16494)	35–55	50	6.5–8	7.0		o	o			Imachi et al., 2008
Methanolobus bombayensis	MCM B706 (DSM-7082)	22–40	37	6.5–8	7.2				o	o	Kadam et al., 1994
Methanolobus oregonensis	WAL1 (DSM-5435)	10–45	35–37	7.6–9.4	8.2–9.2				o	o	Liu et al., 1990
Methanolobus profundi	MobM (DSM-21213)	9–37	30	6.1–7.8	6.5–6.6				o	o	Mochimaru et al., 2009
Methanolobus psychrophilus	R15 (JCM 14818)	0–25	18	6–8	7–7.2				o	o	Zhang et al., 2008
Methanolobus taylorii	GS-16 (DSM-9005)	5–45	29–37	5.7–9.2	7–8.7				o	o	Oremland et al., 1989
Methanolobus tindarius	Tindari 3 (DSM-2278)	7–50	28	5.5–8	6.5				o	o	Konig et al., 1982
Methanolobus vulcani	PL-12/M (DSM-3029)	13–45	40	6–7.5	7.2				o	o	Kadam et al., 1995
Methanolobus zinderi	SD-1 (DSM-21339)	25–50	40–50	6–9	7–8				o	o	Doerfert et al., 2009
Methanomassiliicoccus luminyensis	B10 (DSM-25720)	37–37	37	7.2–8.4	7.6	H_2 only				o	Dridi et al., 2012
Methanomethylovorans hollandica	DMS1 (DSM-15978)	12–40	34–37	6–8	6.5–7				o	o	Lomans et al., 1999
Methanomethylovorans thermophila	L2FAW (DSM-17232)	42–58	50	5–7.5	6.6				o	o	Jiang et al., 2005
Methanomethylovorans uponensis	EK1 (DSM-27305)	25–40	37	5.5–7.5	6–6.5				o	o	Cha et al., 2013
Methanomicrobium mobile	BP (DSM-1539)	30–45	40	5.9–7.7	6.1–6.9		o	o			Paynter et al., 1968
Methanomicrococcus blatticola	PA (DSM-13328)	20–40	39	6.8–8.2	7.2–7.7				o	o	Sprenger et al., 2000
Methanoplanus endosymbiosus	MC1 (DSM-3599)	16–36	32	6.2–8	7.0		o	o		o	van Bruggen et al., 1986
Methanoplanus limicola	M3 (DSM-2279)	17–41	40	6.5–7.5			o	o			Wildgruber et al., 1982
Methanoplanus petrolearius	SEBR 4847 (DSM-11571)	35–40	35–40	5.3–8.4	7.0		o	o		o	Ollivier et al., 1997
Methanopyrus kandleri	AV19 (DSM-6324)	84–110	98	5.5–7	6.5		o			o	Kurr et al., 1991
Methanoregula boonei	6A8 (DSM-21154)	10–40	35–37	4.5–5.5	5.1		o				Brauer et al., 2011
Methanoregula formicica	SMSP (DSM-22288)	10–40	30–33	7–7.6	7.4		o	o			Yashiro et al., 2011
Methanosaeta concilii	GP6 (DSM-3671)	10–45	35–40	6.6–7.8	7.1–7.5	o					Patel et al., 1990
Methanosaeta harundinacea	8Ac (DSM-17206)	25–45	34–37	6.5–9	7.2–7.6	o				o	Ma et al., 2006
Methanosaeta pelagica	03d30q (DSM-24271)	15–40	30	6–9.2	7.5–7.5	o					Mori et al., 2012
Methanosaeta thermophila	PT (DSM-6194)	37–70	55–60	5.5–8.4	6.6–6.8	o					Patel et al., 1990
Methanosalsum zhilinae	WeN5 (DSM-4017)		45		9.2				o	o	Mathrani et al., 1988
Methanosarcina barkeri	MS (DSM-800)		30–40	5.5–7.5	7.0	o	o		o	o	Bryant et al., 1987
Methanosarcina horonobensis	HB-1 (DSM-21571)	20–42	37	6–7.75	7–7.25	o			o	o	Shimizu et al., 2011
Methanosarcina lacustris	ZS (DSM-13486)	1–35	25	4.5–8.5	7.0		o		o	o	Simankova et al., 2001
Methanosarcina mazei	S-6 (DSM-2053)	20–45	40–42	5.5–8.5	7.1	o	o		o	o	Mah, 1980
Methanosarcina semesiae	MD1 (DSM 12914)	18–39	30–35	6.2–8.8	6.5–7.5				o	o	Lyimo et al., 2000
Methanosarcina siciliae	T4/M (DSM-3028)	20–50	40	5–8	6.8				o	o	Ni et al., 1991
Methanosarcina soligelidi	SMA-21 (DSM-26065)	0–54	28–28	4.8–9.9	7.8	o	o			o	Wagner et al., 2013
Methanosarcina spelaei	MC-15 (DSM-26047)		33		6.5	o	o		o	o	Ganzert et al, 2014
Methanosarcina thermophila	TM-1 (DSM-1825)	30–60	55		6.5	o	o	△	o	o	Zinder et al., 1979
Methanosarcina vacuolata	Z-761 (DSM-1232)	18–42	38	6–8	7.5	o	o		o	o	Zhilina et al., 1987
Methanosphaera cuniculi	1R7 (DSM-4103)		35–40		6.8					o	Biavati et al., 1988
Methanosphaera stadtmanae	MCB-3 (DSM-3091)	25–45	36–40	6.5–6.9	6.5–6.9					o	Miller et al., 1985
Methanosphaerula palustris	E1-9c (DSM-19958)	14–35	30	4.8–6.4	5.5		o	o			Cadillo-Quiroz et al., 2009
Methanospirillum hungatei	JF1 (DSM-864)	20–50	37–45	6.5–10	7–9		o	o			Ferry et al., 1974
Methanospirillum lacunae	Ki8-1 (DSM-22751)	15–37	30	6–9.5	7.5		o	o			Iino et al., 2010
Methanospirillum psychrodurum	X-18T (JCM 19216)	4–32	25	6.5–8	7.0		o				Zhou et al., 2014
Methanospirillum stamsii	Pt1T (DSM-26304)	5–37	20–30	6–10	7–7.5		o	o			Parshina et al., 2014
Methanothermobacter crinale	Tm2 (DSM-24598)	55–80	65	6.6–8.9	6.9		o				Cheng et al., 2008
Methanothermobacter defluvii	ADZ (DSM-7466)		60		7.0		o	o			Kotelnikova et al., 1993
Methanothermobacter marburgensis	Marburg (DSM-2133)	45–70	65	5–8	6.8–7.4		o				Wasserfallen et al., 2000
Methanothermobacter tenebrarum	RMAS (DSM-23052)	45–80	70	5.8–8.7	6.9–7.7		o				Nakamura et al., 2013
Methanothermobacter thermautotrophicus	Delta H (DSM-1053)	40–75	65–70	6–8.8	7.2–7.6		o				Zeikus et al., 1972
Methanothermobacter thermoflexus	IDZ (DSM-7268)		55		7.9–8.2		o	o			Kotelnikova et al., 1993
Methanothermobacter thermophilus	M (DSM-6529)	40–75	65–70	6–8.8	7.2–7.6		o				Laurinavichus et al., 1988
Methanothermobacter wolfeii	DSM2970 (DSM-2970)	37–74	55–65	6–8.2	7–7.5		o	o			Winter et al., 2000
Methanothermococcus okinawensis	IH1 (DSM-14208)	40–75	60–65	4.5–8.5	6–7		o	o			Takai et al., 2002
Methanothermococcus thermolithotrophicus	SN-1 (DSM-2095)	30–70	65	6–8	6.5–7.5		o	o			Huber et al., 1982
Methanothermus fervidus	V24 S (DSM-2088)	61–97	83		6.5		o				Stetter et al., 1981
Methanothermus sociabilis	KF1-FI (DSM-3496)	55–97	88								Lauerer et al., 1986
Methanotorris formicicus	Mc-S-70 (DSM-16983)	55–83	75	6–8.5	6.7		o	o			Takai et al., 2004
Methanotorris igneus	Kol 5 (DSM-5666)	45–91	88	5–7.5	5.7						Burggraf et al., 1990
Methermicoccus shengliensis	ZC-1 (DSM-18856)	50–70	65	5.5–8	6–6.5				o	o	Cheng et al., 2007

〈그림 32〉 메탄생성균 종 (152 종)

〈그림 33〉 메탄생성균 형광현미경 사진(400배 확대).

(a) *Methanobacterium beijingense*; (b) *Methanoculleus bourgensis*; (c) *Methanosaeta concilii*; (d) *Methanosarcina acetivorans*; (e) *Methanosarcina barkeri*; (f) *Methanosarcina mazei*.

각각의 분해 단계에 관여한 혐기성 미생물들은 서로 긴밀한 상호작용을 통해 생장 및 활성을 띄며 혐기성 소화 반응을 수행한다. 산생성반응과 메탄생성반응 간의 균형이 잘 잡힌 혐기성 소화 반응은 중간 생성물인 유기산 등이 크게 축적되지 않고 이전 대사 단계의 모든 생성물이 다음 생성물로 전환시키면 안정적으로 운영된다. 반면 산생성반응과 메탄생성반응 간의 불균형이 유발될 경우, 유기산 축적 및 소화조 산성화를 통해 pH가 낮아지며 메탄생성균의 저해가 가속화되고, 혐기성 소화 공정의 실패까지 귀결될 수 있다. 혐기성 소화조의 불안정성이 발생할 경우, 회복에 장기간이 필요하다. 완전 실패(Failure) 상태인 혐기성 소화조의 회복을 위해서는 식종부터 공정을 다시 정상 궤도로 회복하는데 3~4개월 이상이 소요된다. 따라서 혐기성 소화 공정의 최적 운영을 위해서는 메탄생성균의 생장 및 활성을 극대화할 수 있는 운영조건의 적용 및 다양한 접근을 통한 메탄생성균 소화조 내 체류 및 활성 개선 전략의 개발 및 도입이 필요하다. 이를 위해서는 소화조 내에 있는 메탄생성균의 종류 및 농도에 대한 정보를 확보할 수 있는 분석기법의 개발 및 적용이 필요하며, 메탄생성균의 생장 특성 및 기작에 대한 심도 깊은 이해가 필요하다.

3.1.2. 혐기성 소화 미생물 분류, 대사 및 생장

미생물은 눈에 보이지 않는 작은 미생물을 의미하며, 계통 분류학적으로는 진핵생물계(Eukarya), 세균계(Bacteria) 및 고세균계(Archaea)에 속하여 다양하게 분포되어 있다. 이 중 생물 특성을 고려하여 세균계와 고세균계 생물을 포함한 원핵생물(Prokaryote)과 진핵생물계에 속한 생물을 진핵생물(Eukaryote)로 나누어 표현하기도 한다. 원핵생물은 핵속에 염색체가 없고, 단세포 생물이며, 세균과 고세균이 여기에 속해있다. 진핵생물은 핵속에 염색체를 가지고 있으며, 단세포 또는 다세포 생물이며, 조류, 균류, 원생생물 등의 미생물이 속해 있다.

특성	원핵세포		진핵세포
계통적 그룹	Bacteria	Archaea	Eukarya (단세포: 조류, 곰팡이, 원생동물) (다세포: 식물, 동물)
크기	0.2~3.0 μm	0.2~3.0 μm	단세포 기관 2~100 μm
핵막과 막성 소기관	없음	없음	있음
세포벽	펩티도글리칸	슈도펩티도글리칸, 단백질	동물, 대부분 원생동물: 없음 식물, 조류, 곰팡이 있음: 다당류
세포막	Ester 결합	Ether 결합	Ester 결합
DNA	원형 DNA, Plasmids	원형 DNA, Plasmids	선형 DNA
리보솜	70S • 30S (16S rRNA) • 50S	70S • 30S (16S rRNA) • 50S	80S • 40S (18S rRNA) • 60S
광합성	있음	없음	있음
메탄 생성	없음	있음	없음
H_2S로 황환원	있음	있음	없음
질산화	있음	있음	없음
탈질	있음	있음	없음

〈그림 34〉 미생물 분류에 따른 특성

혐기성 소화 공정에 직접적으로 관여하는 미생물은 원핵생물(prokaryote)의 범주에 속하는 세균과 고세균으로 가수분해, 산생성, 아세트산생성 반응은 세균이 관여하며, 메탄생성반응은 고세균이 관여하여 수행된다.

세균과 고세균의 가장 큰 특성 차이로는 세포막의 지질 결합 방식을 들 수 있다. 세균의 세포막은 Ester 결합구조(산소 double bond 존재)를 띠는 반면 고세균의 세포막은 Ether 결합구조(산소 double bond 없음)를 띈다. 이런 고세균의 세포막 구조는 높은 열 저항성을 가질 수 있어 고세균 중에는 초고온성 조건(80도 이상)에서 생장 및 활성을 띠는 미생물도 보고되고 있다.

미생물(세포)의 생장은 물질 대사 반응을 통해 일어나며, 대사반응은 크게 이화반응과 동화반응으로 나누어 설명할 수 있다. 이화반응은 세포 호흡 또는 발표를 통해서 고분자 유기 물질을 저분자 물질로 분해하고 에너지를 얻는 반응이다. 동화반응은 에너지와 저분자 물질을 이용하여 세포의 단백질이나 핵산 등 세포 구성 성분과 같은 고분자 물질을 합성하는 반응이다.

- 이화반응(Catabolism): 고분자 물질 ⇒ 저분자 물질 + 에너지
- 동화반응(Anabolism): 저분자 물질 + 에너지 ⇒ 고분자 물질

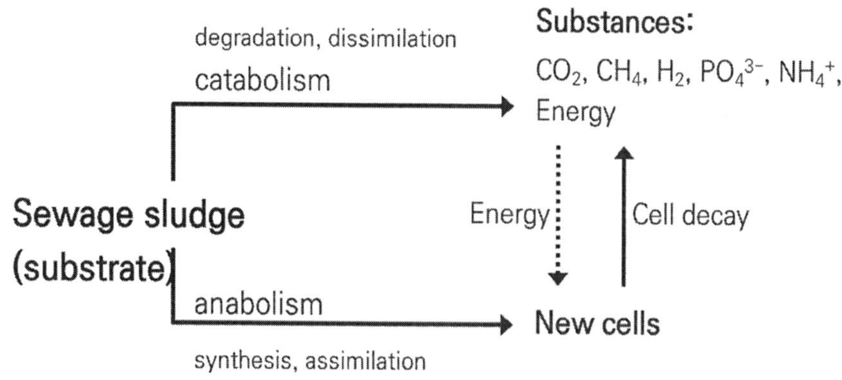

〈그림 35〉 물질대사: 이화반응과 동화반응

이화반응에서는 호흡(산화적 인산화: Oxidative phosphorylation) 또는 발효(기질수준 인산화: Substrate-level phosphorylation)를 통해 아데노신 삼인산(ATP)의 형태의 에너지를 확보하고, 이렇게 확보된 에너지는 동화반응을 통해 새로운 미생물 세포의 합성에 사용되며 또한 기존 세포의 유지에 사용된다.

- **전자 수용체에 따른 미생물 대사**
  - 발효 (Fermentation): 유기화합물을 전자공여체와 전자수용체로 이용하는 에너지 생성과정. 혐기성 이화반응. 기질수준인산화.

  - 호흡 (respiration)
    - 호기성호흡 (유기호흡, Aerobic respiration): O_2를 전자수용체로 이용하는 에너지 생성과정. 산화적인산화.
    - 혐기성호흡 (무기호흡, Anaerobic respiration): O_2외의 다른 분자를 전자수용체로 이용하는 에너지 생성과정. 산화적인산화.

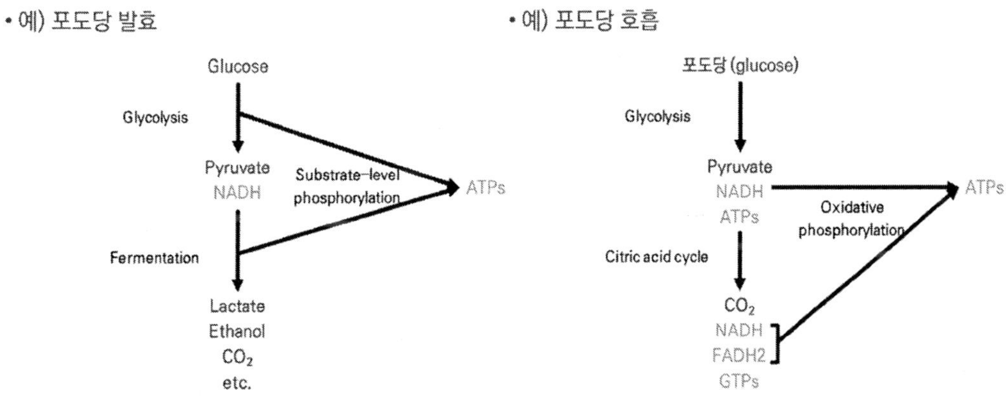

〈그림 36〉 전자 수용체에 따른 미생물 대사

미생물은 성장과 증식에 필요한 핵심 요소인 에너지원, 탄소원, 전자공여체, 전자수용체 등을 고려하여 영양학적으로 분류될 수 있다.

• 미생물의 영양학적 구분

에너지원 (E source)	빛	광영양균 (phototrophs)
	화학물질	화학영양균 (chemotrophs)
전자공여체 (electron donor)	무기물	무기영양균 (lithotrophs)
	유기물	유기영양균 (organotrophs)
탄소원 (carbon source)	무기물 (e.g., CO_2)	독립영양균 (autotrophs)
	유기물	종속영양균 (heterotrophs)

예) 화학무기독립영양생물(chemolithoautotrophs),
화학유기종속영양생물(chemoorganoheterotrophs),
광독립무기영양생물(photolithoautotrophs), …

• 대표적인 혐기성 생물학적 폐수처리 공정의 원핵생물 분류

원핵생물 분류	반응	탄소원	전자공여체	전자수용체	최종산물
통성혐기성균	탈질화	유기화합물	유기화합물	NO_2^-, NO_3^-	N_2, CO_2, H_2O
혐기성 종속영양균	산발효	유기화합물	유기화합물	유기화합물	휘발성지방산
	철환원	유기화합물	유기화합물	Fe(III)	Fe(II), CO_2, H_2O
	황환원	유기화합물	유기화합물	SO_4	H_2S, CO_2, H_2O
	메탄생성	유기화합물	휘발성지방산	CO_2	CH_4
혐기성 독립영양균	Anammox	CO_2	NH_4^+	NO_2^-	N_2, NO_3^-

〈그림 37〉 미생물의 영양학적 구분

혐기성 소화 반응(다시 말해, 가수분해, 산생성, 아세트산생성, 메탄생성)에 직접적으로 관여하는 세균 및 고세균은 에너지원으로 화학물질을 사용하고, 탄소원으로 유기화합물을 사용하고, 전자공여체로 유기화합물을 사용하는 혐기성 화학유기종속영양균에 속한다.

일반적으로 미생물의 대사는 ATP 의 생성과 연관되어 있다. 미생물 수율은 이용된 기질의 양에 대한 생성된 미생물의 비이며, 생산물 수율은 이용된 기질의 양에 대한 생성된 생산물의 비이다. 미생물 수율과 생산물 수율은 다음과 같은 수식으로 나타낼 수 있다.

- 미생물 수율:
- 생산물 수율:

여기서 X 는 미생물, S 는 기질, P 는 생산물을 의미한다.

• 미생물 생장과 미생물 수율

– 미생물 수율 Y (microbial yield; biomass yield):

- 이용된 기질의 양에 대한 생성된 바이오매스의 비
- 일반적으로 전자공여체(e⁻ donor)에 대한 상대량으로 정의

$$Y_{X/s} = \frac{g\ Biomass_{produced}}{g\ Substrate_{consumed}} = -\frac{dX}{dS}$$

- g Biomass: g VSS, g VS, 16 rRNA gene copies, CFU, OD
- g Substrate: g COD, g BOD, g VS, g NH_4-N

$$Y = \frac{g\ VSS_{increased}}{g\ COD_{removed}} \qquad Y = \frac{g\ VSS_{increased}}{g\ NH_4 - N_{removed}}$$

- CFU: colony forming unit, 집락형성단위
- OD: optical density, 광학밀도

〈그림 38〉 미생물 생장 및 수율

일반적으로 혐기성 소화는 호기성에 비해 낮은 미생물 수율값이 확인되며, 이는 혐기성 대사의 낮은 에너지(ATP) 수율에 기인한다. 특히 혐기성 미생물 수율은 보통 소비되는 기질 g 당 생성되는 미생물량은 0.05g (다시 말해, 5%) 수준인 반면 호기성 미생물은 소비되는 기질 g 당 생성되는 미생물량은 0.5g (다시 말해, 50%) 수준으로 높다.

성장조건 (반응)	전자공여체	전자수용체	합성수율
호기성 (산화)	유기화합물	O_2	0.45 g VSS/g COD
호기성 (질산화)	NH_4^+	O_2	0.12 g VSS/g COD
무산소 (탈질)	유기화합물	NO_3^-, NO_2^-	0.30 g VSS/g COD
혐기성 (산발효)	유기화합물	유기화합물	0.06 g VSS/g COD
혐기성 (메탄생성)	아세트산; H_2	아세트산; CO_2	0.05 g VSS/g COD

〈그림 39〉 일반적인 미생물 수율값 예시

미생물 질량은 대사 반응을 통해 기질을 사용하여 에너지를 얻고, 이를 활용하여 생장하므로 충분한 기질이 공급된다면 시간이 지날수록 증가하게 된다. 시간에 따른 미생물 질량(생장)을 속도로 나타낸 것이 미생물 생장속도이다. 단위 시간 변화 당, 단위 미생물 질량 당, 미생물 질량 변화를 미생물 비생장속도라고 표현하며 μ로 나타낸다.

- 미생물 생장
  - Substrates + cells → product + more cells
  - 시간이 지남에 따라 미생물 질량 증가
  - 미생물 생장속도
    - 미생물 농도와 직접 관련
    - 비생장속도 (specific growth rate, mass/mass/time)

$$\mu = \frac{1}{X}\frac{dX}{dt}$$

X = 바이오매스 농도, biomass concentration (mass/volume)
t = 시간, time (time)
μ = 비생장속도, specific growth rate (1/time). e.g., (g VSS/gVSS/d)

〈그림 40〉 미생물 생장속도

혐기성 소화와 같은 미생물에 기반한 생물학적 처리 공정에서는 미생물의 생장속도가 오염물질의 처리 속도와 비례하므로 미생물 생장속도에 대한 이해가 필수적이다. 각각의 미생물의 생장 특성을 Monod 식에 기반한 생장동역학 계수를 활용하여 수치화 할 수 있으며, 이를 활용하면 시간에 따른 해당 미생물의 성장과 기질의 사용 등을 수치적으로 예측할 수 있다. 혐기성 소화 반응 중 가장 중요한 반응단계로 고려되는 메탄생성반응의 주체인 메탄생성균은 Monod 식을 활용하여 미생물 생장속도 및 메탄생상속도등을 나타내는 것이 일반적이다.

Monod 식은 미생물 생장에 대한 기질의 영향을 수식화한 것으로 1940 년 Jacques Monod 에 의해 처음 제안되어, 현재까지 혐기성 소화 공정 모델링에 활용되고 있는 대표적인 생장 동역학 수식이다.

- Monod equation (Michaelis-Menten equation의 미생물 버전)
  - 미생물 생장에 대한 기질의 영향을 수식화 (경험식)
  - 1940년대 Jacques Monod (1910-1976)에 의해 제안

$$\mu = \frac{\mu_m \cdot S}{K_s + S} \qquad k = \frac{K_m \cdot S}{K_s + S}$$

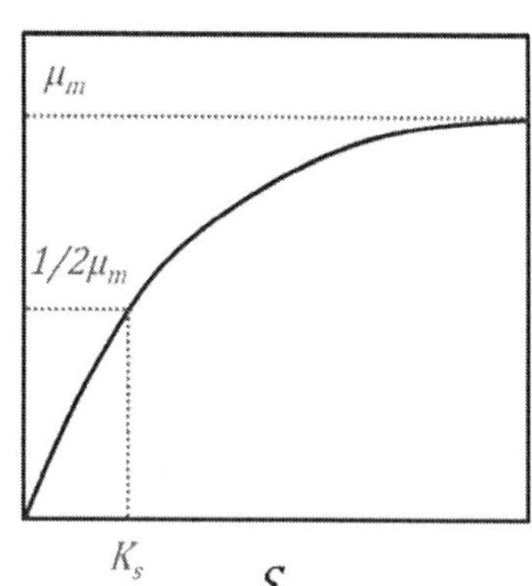

μ = 비생장속도, specific growth rate (1/time)
μ_m = 최대비생장속도, maximum specific growth rate (1/time)
S = 기질농도, substrate concentration (mass/volume)
K_s = 반속도상수, half-saturation constant (mass/volume)
= $\mu/\mu_m = 0.5$ 일 때의 S
k = 비기질이용속도, specific S utilization rate (1/time)
k_m = 최대 비기질이용속도, maximal specific S utilization rate (1/time)

- modified Monod equation with decay rate
  - 기존 수식 내생호흡 및 세포사멸 (endogenous respiration & cell lysis) 비고려
    → 미생물 사멸 예측 불가능
  - 1960년대 Perry McCarty에 의해 비사멸속도상수 제안됨

$$\mu_{syn} = \left(\frac{1}{X}\frac{dX}{dt}\right)_{syn} = \frac{\mu_m \cdot S}{K_s + S}$$

$$\mu_{decay} = \left(\frac{1}{X}\frac{dX}{dt}\right)_{decay} = -K_d$$

$$\mu = \mu_{syn} + \mu_{decay} = \frac{\mu_m \cdot S}{K_s + S} - K_d$$

μ = 비생장속도, specific growth rate (1/time)
μ_{syn} = 합성 비생장속도, specific growth rate due to synthesis (1/d)
μ_{decay} = 사멸 비생장속도, specific growth rate due to decay (1/d)
μ_m = 최대 비생장속도, maximum specific growth rate (1/time)
K_s = 반속도상수, half-saturation constant (mass/volume)
S = 기질농도, substrate concentration (mass/volume)
K_d = 비사멸속도상수, specific decay rate (1/time)

〈그림 41〉 Monod식

초기 Monod 식은 최대비생장속도, 반속도상수, 미생물 수율 등으로 구성된 수식으로 1960년대 Perry McCarty 교수의 제안에 따라 미생물 사멸에 대한 상수인 비사멸속도상수를 추가한 형태로 현재 활용되고 있다.

- Monod equation
  - 미생물 생장속도, 미생물 사멸속도, 기질 이용속도, 미생물 수율

미생물 생장속도: $r_g = \left(\frac{dX}{dt}\right)_g = \mu_{syn}X$

미생물 사멸속도: $r_d = \left(\frac{dX}{dt}\right)_d = -K_dX$

기질 이용속도: $r_S = \left(\frac{dS}{dt}\right)_s = -kX$

미생물 수율: $Y = -\left(\frac{dX}{dS}\right) = -\frac{r_g}{r_S}$

$$r_g = -Yr_S$$

r_S = 기질이용속도, substrate utilization rate (g COD/L/d)
k = 비기질이용속도, specific S utilization rate (g COD/g VSS/d)
S = 기질 농도, substrate concentration (g COD/L)
X = 미생물 농도, microbial concentration (g VSS/L)
r_g = 미생물 생장속도, microbial growth rate (g VSS/L/d)
Y = 미생물 수율, microbial yield (g VSS/g COD)
μ_{syn} = 합성 비생장속도, specific growth rate due to synthesis (1/d)

- Monod equation
  - 기질이용속도 (r_S) 및 순 미생물 생장속도 (r_X)

$$\mu_m = k_mY$$

$$r_S = -kX = -\frac{k_m \cdot S \cdot X}{K_s + S} = -\frac{1}{Y}\frac{\mu_m \cdot S \cdot X}{K_s + S}$$

$$r_X = r_g + r_d = -Yr_S - K_dX$$

$$r_X = Y\frac{k_m \cdot S \cdot X}{K_s + S} - K_dX$$

$$\frac{r_X}{X} = \mu = Y\frac{k_m \cdot S}{K_s + S} - K_d = \frac{\mu_m \cdot S}{K_s + S} - K_d$$

r_S = 기질이용속도, substrate utilization rate (g COD/L/d)
k = 비기질이용속도, specific S utilization rate (g COD/g VSS/d)
k_m = 최대 비기질이용속도, maximal specific S utilization rate (g COD/g VSS/d)
K_s = 반속도상수, half-saturation constant (g COD/L)
r_g = 미생물 생장속도, microbial growth rate (g VSS/L/d)
r_X = 순 미생물 생장속도, net microbial growth rate (g VSS/L/d)
Y = 미생물 수율, microbial yield (g VSS/g COD)
μ = 비생장속도, specific growth rate (1/d) $= r_X/X$
μ_m = 최대 비생장속도, maximum specific growth rate (1/d)
S = 기질 농도, substrate concentration (g COD/L)
X = 미생물 농도, microbial concentration (g VSS/L)

〈그림 42〉 Monod 식: 미생물 생장속도 및 기질이용속도

일반적으로 메탄생성균의 비사멸속도상수는 최대비생장속도의 1% 이하로 매우 낮아 수식의 단순화를 위해 제외하고 사용되는 경우도 있다. 대상 미생물에 대한 Monod 식의 생장동역학 계수를 확보한다면 해당 미생물의 시간에 따른 미생물 농도 및 기질 농도의 변화를 예측할 수 있다.

대표적인 아세트산이용성 메탄생성균인 Methanosaeta 와 Methanosarcina 는 동일한 아세트산이라는 기질을 사용하므로 소화조 내에서 기질 경쟁이 일어날 수 있다.

- Monod equation
  - 생장동역학 계수: μ_{max} (or k_m), K_s, Y, K_d → 초기 기질(S_0), 미생물(X_0) 고려한 t에 따른 X, S 예측 가능
  - 대상공정 (미생물, 환경조건, 기질 등)에 따라 값이 다름
  - 아세트산 이용 메탄생성균 (*Methanosaeta*, *Methanosarcina*)

계수	단위	*Methanosaeta*	*Methanosarcina*
μ_m (최대 비생장속도)	1/d	0.072~0.20	0.34~1.37
K_s (반속도상수)	mg 아세트산/L	20~30	300~400

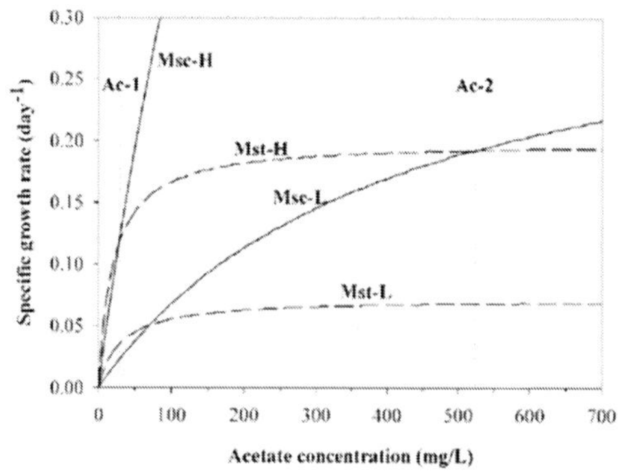

〈그림 43〉 Monod 식: 메탄생성균 생장동역학계수 예시

흥미롭게도, 이 두 메탄생성균은 최대비생장속도와 반속도상수가 명확히 다른 특성으로 아세트산 농도에 따라 서로 경쟁 우위에 서는 조건이 달라진다.

반속도상수가 낮은 Methanosaeta는 기질 친화도가 높아 낮은 농도의 아세트산을 활용 가능한 반면 반속도상수가 높은 Methanosarcina는 기질 친화도가 낮아 낮은 농도의 아세트산 조건의 활용이 어려워 경쟁에서 뒤쳐지게 된다. 반면 특정 아세트산 농도 이상의 조건에서는 최대비생장속도가 높은 Methanosarcina가 낮은 Methanosaeta 보다 훨씬 빠른 속도로 생장하며 경쟁 우위에 서게 된다.

따라서 안정적으로 운영되고 있는 혐기성 소화조(유기산 축적이 없어 아세트산 농도가 매우 낮은 조건)에서는 Methanosaeta가 우점하며 주요한 역할을 하며, 유기산이 축적되어 소화조 내 아세트산 농도가 높아지는 공정 불안정화 상황에서는 Methanosarcina가 우점화되는 경향이 보고된 바 있다. 혐기성 소화 공정의 다양한 조건들에 따라 최적 생장을 할 수 있는 미생물이 다르기 때문에 소화조 내 미생물 군집의 종 다양성을 확보하는 것이 여러 운영 및 환경 변인들에 대응 가능한 안정적인 소화조 운영에 중요할 것이다.

혐기성 소화 공정의 공정 효율을 이해하기 위해서는 물질 수지를 파악하는 것이 필요하다. 물질 수지(Mass balance)는 물질은 닫힌계에서 창조되거나 파괴되지 않는다는 질량보존의 법칙을 응용한 개념으로 물질의 유입과 유출 그리고 축적사이에 균형이 맞아야 한다는 개념이다. 다시 말해, 혐기성 소화 공정에 투입된 폐수의 물질의 양(예: 유기물(COD))은 혐기성 소화 공정에서 방출한 처리수 및 바이오가스 그리고 공정 내 축적된 물질의 양과 동일해야 한다는 의미이다. 해당 의미를 다음과 같이 설명할 수 있다.

• 생물반응조

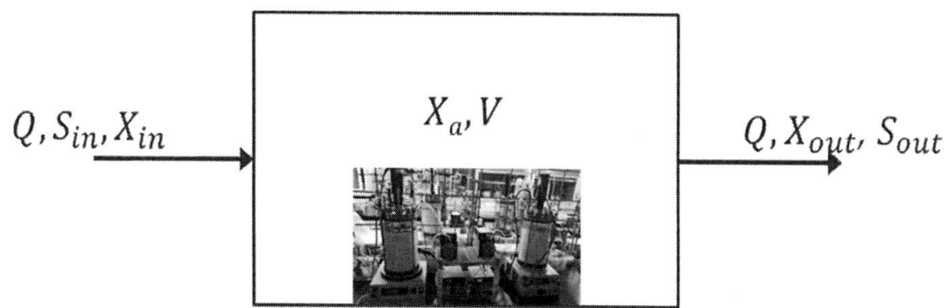

• 물질수지 (mass balance)

축적 = 유입 - 유출 + 생성 + 이용 $V\frac{dS}{dt} = Q(S_{in} - S_{out}) - r_S V$ *unit: mass/time*

〈그림 44〉 물질 수지

혐기성 소화 공정은 회분식 공정(Batch process)과 연속식 공정(Continuous process)으로 분류할 수 있다. 회분식 공정은 초기에만 폐수를 유입시키고, 유입과 배출이 없는 상태로 반응이 끝날 때까지 진행시키는 공정을 의미한다. 다시 말해, 반응이 끝날 때까지 외부와의 물질 교환을 일어나지 않는다. 반면 연속식 공정은 유입과 배출이 공정 반응중에 연속적으로 일어나는 공정을 의미한다. 다시 말해, 회분식 공정은 유량(Q)이 없으나 연속식 공정은 유량이 존재한다는 차이점이 있다. 따라서 물질 수지식을 활용하여 각 공정의 유기물 처리속도와 미생물 생장속도 등을 계산하기 위해서는 이런 특징을 고려하여 계산하는 것이 필요하다.

- 회분식 공정 (Batch process)
  - 유입, 유출 없음 → $Q = 0$
  - 반응조 내 S, X, V 중요
    - 시간에 따른 변화값 측정
    - S → 기질분해속도, 기질분해량
    - X → 미생물생장속도, 미생물생장량

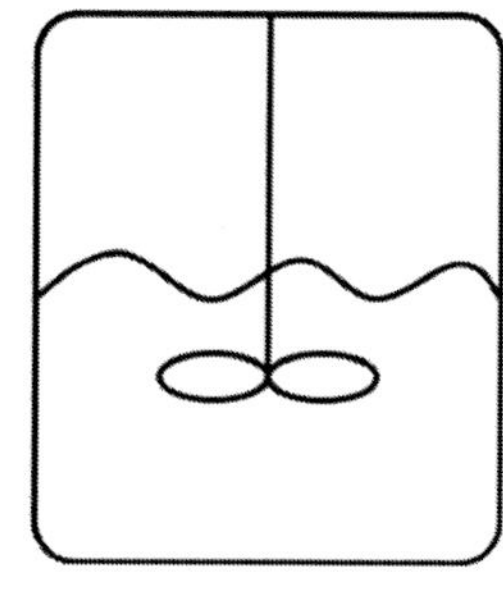

S, X, V

- 회분식 공정 (Batch process) 물질 수지 (mass balance)

$$V\frac{dS}{dt} = \cancel{Q(S_{in} - S_{out})} - r_S V \qquad unit: g\ COD/d$$

$$V\frac{dX}{dt} = \cancel{Q(X_{in} - X_{out})} + r_X V \qquad unit: g\ VSS/d$$

$$-\frac{dS}{dt} = r_S = \frac{k_m \cdot S \cdot X}{K_S + S} = \frac{1}{Y}\frac{\mu_m \cdot S \cdot X}{K_S + S} \qquad unit: g\ COD/L/d$$

$$\frac{dX}{dt} = r_X = Yr_S - K_d \cdot X = \frac{\mu_m \cdot S \cdot X}{K_S + S} - K_d \cdot X \qquad unit: g\ VSS/L/d$$

r_X = 생장속도, growth rate (g VSS/L/d)
r_S = 기질이용속도, substrate utilization rate (g COD/L/d)
k_m = 최대 비기질이용속도, maximal specific S utilization rate (g COD/g VSS/d)
Y = 미생물 수율, microbial yield (g VSS/g COD)
Q = 유량, flow rate (L/d)
S = 기질 농도, substrate concentration (g COD/L)
X = 미생물 농도, microbial concentration (g VSS/L)
V = 반응조 부피, volume (L)

〈그림 45〉 회분식 공정의 반응 속도

회분식 공정은 유입, 유출이 없는 닫힌계에서 초기 투입해 준 폐수(오염물질)과 식종원(미생물)로 인해 시간의 흐름에 따라 일어나는 반응을 온전히 관측할 수 있다는 장점이 있다. 따라서 회분식 공정에서의 기질분해속도(유기물 처리속도), 미생물생장속도 등은 시간에 따른 기질 분해량 또는 미생물 증가량을 계산하면 쉽게 파악할 수 있다.

연속식 공정의 경우, 가장 대표적인 공정이 CSTR(Continuously stirred tank reactor; 연속 교반 탱크 반응기)이다. 이 경우 유입과 유출이 존재하며, 해당 유출수의 경우 완전 혼합된 소화조액이 유출되기 때문에 반송이 없는 CSTR의 경우 소화조 내 물질의 구성과 동일한 물질이 배출된다고 볼 수 있다. 연속식 공정에서의 반응 상태는 정상상태(Steady state)와 동적상태(Dynamic state)로 구분할 수 있다.

- 연속식 공정 (Continuous process)-CSTR
  - 유입, 유출 있음 → $Q > 0$
  - 반송 없는 CSTR 경우, $S = S_{out}$, $X = X_{out}$
  - 동역학 관점 중요도: steady state 〉 dynamic state

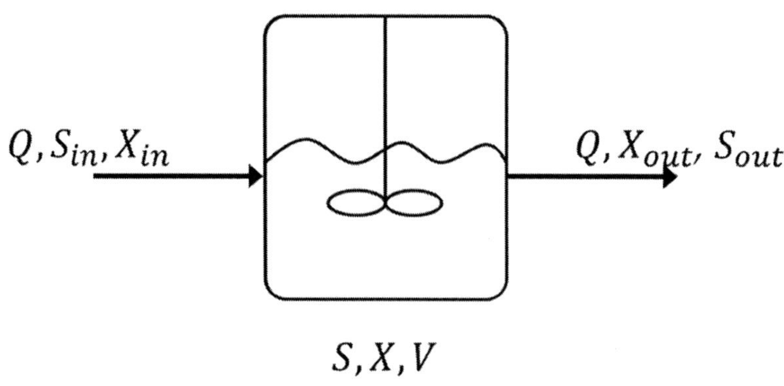

〈그림 46〉 연속식 공정

정상상태는 소화조 내 어떤 물리적 상태를 나타내는 온도, pH, 미생물 농도, 유기물 농도 등의 값이 시간에 따른 변화가 없음을 의미한다. 다시 말해, 유량이 있는 조건에서 동일한 유기물 처리속도, 바이오가스 생산량, 미생물 생장속도가 달성된 반응 상태를 의미한다. 반면, 동적상태는 해당 값들이 시간에 따른 변화가 있는 상태를 의미한다. 보통 혐기성 소화 공정을 처음 시작하는 단계인 Start-up 기간 동안에는 동적상태의 반응이 관측되며, 공정이 해당 운영조건에서 안정화된 상태에서는 정상상태의 반응이 관측된다.

따라서 일반적으로 정상상태의 구간의 반응속도(예: 유기물 처리속도, 미생물 생장속도, 바이오가스 생산속도) 등이 공정의 성능을 판단하는데 활용되며, 다음과 같이 계산할 수 있다.

- 연속식 공정 (Continuous process) at steady-state
  - 기질이용속도

$$V\frac{dS}{dt} = 0 = Q(S_{in} - S_{out}) - r_S V \qquad unit: g\ COD/d$$

$$r_S = \frac{Q}{V}(S_0 - S) = \frac{S_0 - S}{\tau} \qquad \frac{Q}{V} = \frac{1}{\tau}$$

  - 미생물 농도

$$X = \frac{\theta_C}{\tau}\frac{V(S_0 - S)}{1 + K_d\theta_C}$$

  - 유출수농도

$$S = K_S\frac{1 + K_d\theta_C}{Yk\theta_C - (1 + K_d\theta_C)}$$

τ = 수리학적체류시간, hydraulic retention time, HRT (d)
θ_C = 고형물체류시간, solids retention time, SRT (d)
r_S = 기질이용속도, substrate utilization rate (g COD/L/d)
Y = 미생물 수율, microbial yield (g VSS/g COD)
k = 비기질이용속도, specific S utilization rate (g COD/g VSS/d)
K_s = 반속도상수, half-saturation constant (g COD/L)
K_d = 비사멸속도상수, specific decay rate (1/d)
Q = 유량, flow rate (L/d)
S_0 = 유입 기질 농도, substrate concentration (g COD/L)
S = 유출 기질 농도, substrate concentration (g COD/L)
X = 미생물 농도, microbial concentration (g VSS/L)
V = 반응조 부피, volume (L)

〈그림 47〉 연속식 공정(정상상태)의 반응속도

3.2. 혐기성 소화 미생물 분석법

3.2.1. 배양 기반 분석법

미생물 배양(Cultivation 또는 Culture)은 연구 또는 산업적인 목적으로 미생물의 증식에 적합한 환경을 인위적으로 조성하여 미생물을 키우는 것을 의미한다. 환경 시료 내의 미생물 군집 및 미생물의 개체수(농도)를 분석하기 위한 방법은 매우 다양하나 크게는 배양 의존법(Culture-dependent method)과 그 외 방법(Culture-independent method; 보통 분자생물학적 분석법)으로 나눌 수 있다. 배양에 기반에 분석법은 전통적으로 많이 활용되어온 방법으로 환경 시료 내 미생물을 배양하고 개체수를 파악하거나, 스크리닝을 통해 해당 미생물의 종류를 분석해내는 방법을 포함한다.

- 미생물 분석법
  - 생태계 및 환경생물공정의 구조와 기능을 이해하기 위해서는 각 시스템을 구성하는 미생물의 종류, 개체수, 양에 대한 정확한 정보를 알아야 함
  - 미생물 종류 (→ 동정, identification)
    - 현미경 기반 시각적 분석
    - 분자생물학적 동정
  - 미생물 개체수 및 농도
    - 직접계수법
    - 배양계수법
    - 탁도법_Optical density (OD)
    - 습식분석법_Volatile suspended solids (VSS)
    - 분자생물학적분석법_qPCR 등

✕
- 원샘플 분석 or 분리배양 후 분석
- 발색(염색)
- 형광

〈그림 48〉 미생물 분석법

반면, 환경 시료에서 배양되는 미생물의 경우 실제 환경(혼합 배양 및 복잡한 환경 조건 등)에서 활성을 띈 미생물 중 배양이 용이한 특정 미생물들만 선택적으로 배양될 수 있으며, 특정 미생물의 경우 난배양성 특징을 가져 배양분석법을 통해 분석이 어렵다는 제한 사항이 있다. 이런 난배양성은 특정 영양소, 산소 수준, 온도, pH 및 삼투 조건의 부족뿐만 아니라 해당 환경 내 다른 미생물이 제공할 수 있는 누락된 성장 인자 등을 포함한 다양한 요인에 기인할 수 있다. 특히 혐기성 소화 미생물의 경우 생장속도가 느려(메탄생성균의 경우 Doubling time(미생물량이 두 배가 되는데 걸리는 시간)이 5 일 이상인 경우도 많음. 대표적인 호기성 미생물은 대장균(E. coli)의 경우 Doubling time 이 28 분 정도인 것에 비교하면 상당히 느리며, 해당 메탄생성균의 배양에는 최소 몇 달 이상의 기간이 요구됨)배양을 통한 분석에 제한 사항이 크다. 따라서 최근에는 혐기성 소화조의 미생물 농도분석을 위해서는 배양 기반 분석법 보다는 습식분석 또는 분자생물학적 분석법으로 분석하는 것이 일반적이다. 대표적인 습식분석으로는 휘발성 부유성 고형분(Volatile suspended solids, VSS) 분석법이 있다. 이 방법은 소화조 내 시료를 채취하며 분석된 VSS(다시 말해, 1.2 μm 기공을 통과하지 못하는 큰 덩어리의 유기성 고형물)를 미생물량으로 가정하여 소화조 내 미생물량을 판별하는 방법으로 분석법이 상대적으로 간단하여 혐기성 소화 연구 분야에서 미생물 총량을 대략적으로 파악하는 용도로 많이 활용되고 있다. 다만, VSS 의 경우 소화잔여 유기물과 미생물이 함께 분석되어 고농도 유기성폐기물(높은 VSS 함량)을 처리하는 혐기성 소화조의 미생물 정량에는 부정확하며, 소화조 내 미생물 군집 분석(미생물 각각에 대한 정성 또는 정량 분석)이 불가능하다는 제한사항 있다. 따라서, 최근에는 차세대염기서열분석법(Next-generation sequencing, NGS)과 Real-time quantitative PCR (qPCR)과 같은 분자생물학적 분석기법들이 보급되어 혐기성 소화조 내 미생물 군집구조 분석과 정량 분석에 활용되는 사례가 점차 늘고 있는 실정이다.

그럼에도 불구하고 배양 기반 분석법은 환경 시료에서 단일 미생물을 분리 배양하고 확보할 수 있다는 장점이 있다. 분리 배양된 균주를 확보하면, 해당 균주의 동정(Indentifiation; 어떤 미생물 종인지 밝히는 것) 뿐만 아니라 해당 미생물의 특성(생장 및 대사 특성, 형태적 특성 등)을 실험적으로 규명할 수 있고, 또한 유전자 분석을 통해 잠재적인 기능성 등을 파악할 수 있다는 점에서 활용의 여지가 많은 분석법으로 볼 수 있다.

미생물 배양을 위한 배양 조건으로는 미생물 접종원(Inoculum), 기질(Substrate), 영양분(Nutrients), 호기/혐기, 온도, pH, 혼합(교반) 등이 있으며 해당 조건에 따라 미생물 생장 여부 또는 생장속도 등이 달라질 수 있으므로 대상 미생물의 배양을 위해 면밀히 고려되어야 하는 조건들이다. 미생물 배양에 사용하는 미생물 증식에 필요한 모든 영양소(기질 포함)를 포함하고 있는 혼합물을 배지(Culture medium 또는 Growth medium; Media 라고도 함)라고 한다. 미생물은 종류에 따라 생육에 필요한 영양소와 생육조건이 다르기 때문에 미생물을 배양하고 분리(Isolation), 동정(Identification)하기 위해서는 미생물의 종류 및 실험 목적에 따라 적절한 배지 선택 및 사용 필요하다. 배지는 다음과 같은 성분들을 포함하고 있어야 한다.

- 배지의 주요 성분
  - 증식에 필요한 모든 영양소를 함유 + 적당한 삼투압 + pH + 산화-환원 전위
  - 탄소원(Carbon source)
    - 세포 구성물 및 모든 거대물질의 중요 요소. 에너지원 이용 되기도 함.
    - 포도당(glucose), 설탕(sucrose), 과당(fructose), 엿당(maltose), 젖당(lactose), 전분(starch), 사과산(malic acid), 구연산(citric acid), 지방산(fatty acid) 등
    - CO_2
  - 질소원(Nitrogen source)
    - 단백질, 핵산 및 세포 구성물의 중요 요소
    - 무기질소: 암모니아 가스, 암모늄염, 질산염 등; 유기질소: 아미노산, 펩톤(peptone)
  - 무기염류(Minerals)
    - 세포 중요 구성성분. 배지의 pH와 삼투압의 조절
    - P, Na, K, Mg, S, Fe, Cl, Ca, Mn, Zn, Cu 등
  - 생육인자 (growth factors)
    - 생장에 필수적인 미량 유기물질: 비타민 (니코틴산, 판토텐산, 엽산, 바이오틴 등), 아미노산 (트립토판 등), 핵산 염기류 (아데닌 등)

〈그림 49〉 배지의 주요 성분

미생물의 증식에는 물과, 에너지원, 탄소원, 질소원, 무기염류 및 생육인자 등이 필요하다. 미생물 배지에는 미생물 생장에 필요한 모든 영양소를 포함하고 있어야 하며, 적정 수준의 pH, 산화환원 전위 및 염류 등이 고려되어야 한다. 혐기성 소화 미생물의 경우 비타민뿐만 아니라 다양한 무기염류, 중금속 등이 필요하므로 배지에 해당 물질을 첨가해 주어야 한다.

배지는 물리적 성상에 따라 고체배지(Solid medium)와 액체배지(Liquid medium)로 분류할 수 있다. 고체배지는 상온에서 고체 상태인 표면에 미생물을 접종하여 배양할 때 활용되며, 미생물의 분리, 미생물 콜로니의 계수 등에 활용될 수 있다. 액체배지는 액체 상태로 된 배지로 미생물의 농축 배양을 통해 대사 산물 연구, 공정 연구 등에 활용될 수 있다. 보통 상온에서 배지를 고

형화시켜주는 한천(Agar)의 유무로 고체배지와 액체배지를 나누어 준비할 수 있다.

• 배지의 종류

– 고체배지 (Solid medium) – ~ agar medium

• 상온에서 고체 형태의 배지. 한천(agar), 젤라틴 등을 넣어 고형화

• 미생물의 순수분리, 보존 배양, 집락의 계수, 생화학적 검사 등에 사용

– 액체배지 (Liquid medium) – ~ (broth) medium

• 각 성분을 증류수에 녹인 액상의 배지. Broth

• 미생물의 생리 화학적 연구, 대사산물 생산 및 대량 배양에 사용

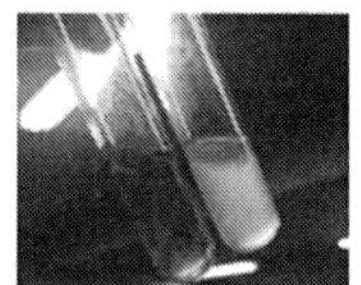

• 고체배지 제작

• 액체배지 제작: 고체배지에서 agar 등 고형화 물질을 넣지 않고 제작하면 됨

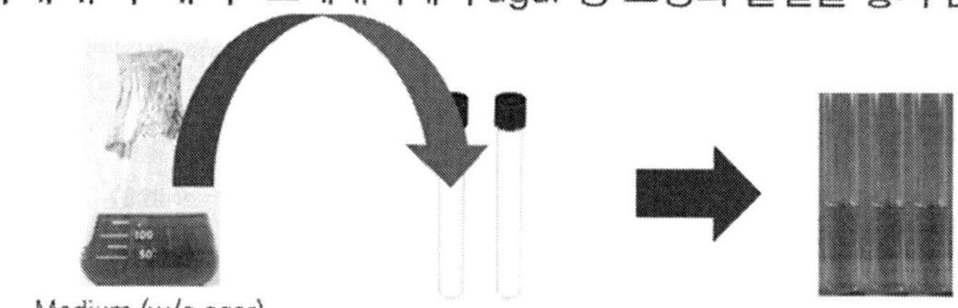

〈그림 50〉 고체배지 및 액체배지

배지 제조시에 주의사항으로는 다음과 같다. 먼저 배지 종류에 따른 보관, 제조 및 멸균 등에 대한 확인 및 대응이 필요하다. 배지 제조시에 미생물 오염 및 불순물 오염을 최소화하기 위해 초순수(또는 증류수)를 사용하여야 하며, 배

지의 재료는 배지 제조법에 나와있는 순서대로 첨가해주어야 불필요한 침전 및 불용화 등을 방지할 수 있다. 배지의 미생물 오염을 배제하고자 가능하면 모든 구성물질, 용기 등은 Autoclave(121°C, 15~30분)를 통해 멸균해주는 것이 바람직하다. 다만 멸균 시 물질 성상이 변할 수 있는 물질들(비타민, 항생제 등)은 0.2μm 기공의 필터로 여과하여 사용한다.

보통한천배지(Nutrient agar medium, NA medium)는 영양 요구가 까다롭지 않은 일반 미생물의 배양에 많이 활용되는 배지로, 이의 제조법 예시는 다음과 같다.

• 보통한천배지 (Nutrient agar medium, NA medium)

– 영양요구가 까다롭지 않은 일반세균 배양 및 생균수 계수에 활용

성분	농도 (g/L)
Peptone	5
Beef extract	3
Agar	15

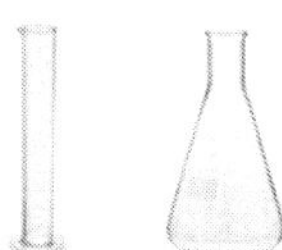

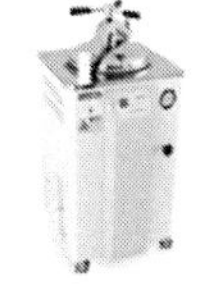

1) 메스실린더를 사용하여 500 mL 증류수를 준비, 2L 삼각플라스크에 투입
2) Peptone 5 g과 beef extract 3 g을 동일한 플라스크에 투입
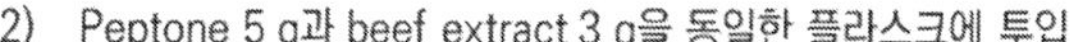
3) Stirring bar와 stirrer를 사용하여 교반해주거나 흔들어서 완전히 녹임 (약 1-2분)
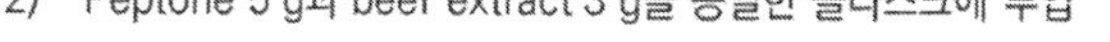
4) Agar 15 g을 동일 플라스크에 넣어줌. 500 mL 증류수를 추가로 넣어주면서 벽에 묻은 배지 성분은 씻어 내림
5) Stirring bar와 stirrer를 사용하여 교반해주거나 흔들어서 완전히 녹임. 필요시 끓기 직전까지 가열.
6) 55-60℃로 식힌 후 1N HCl or 1N NaOH를 첨가하여 pH 6.8-7.0로 조정. 플라스크 입구는 알루미늄 호일로 적당히 막음. 삼각플라스크를 autoclave에 넣고 121℃에서 15-30분간 멸균
7) 멸균된 배지를 55-60℃로 식힌 후 멸균된 Petri dish에 15-20 mL씩 부어줌. 기포 생성 조심. 무균대 작업.
8) 뚜껑덮고 상온 식혀줌. 배지가 굳으면 바로 사용하거나 냉장고에 밀봉 후 보관

〈그림 51〉 보통한천배지 제조법

그 외에도 LB배지(LB medium, Lysogeny broth medium), 최소배지(minimal medium, e.g., M9 medium) 등이 특정 목적으로 많이 활용되는 배지들이다.

- LB배지 (LB medium, Lysogeny broth medium)
  - 일반세균 (대장균 등) 배양 및 시료의 생균수 계수에 활용

성분	농도 (g/L)
Tryptone	10
Yeast Extract	5
NaCl	10
Agar	15

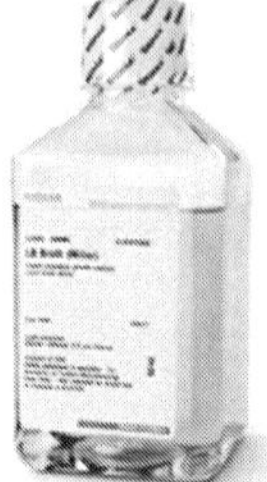

- 최소배지 (minimal medium, e.g., M9 medium)
  - 특정균의 생육에 필요한 최소한의 성분만을 포함하는 배지
  - 일반적으로 탄소원, 에너지원, 질소원, 무기염류만으로 조성

성분	농도 (g/L)
Glucose	2
Na_2HPO_4	6
KH_2PO_4	3
NH_4Cl	1
NaCl	0.5
MgCl	2mM
CaCl	0.1mM

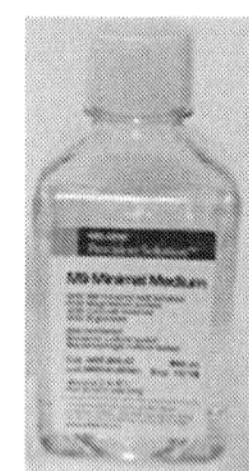

〈그림 52〉 LB 배지 및 M9 배지

일반적으로 메탄생성균을 위한 배지는 훨씬 다양한 영양물질 및 생육인자들이 포함되어야 한다.

예시로 DSMZ 에서 제공하는 Methanosaeta (Methanothrix 로 명명하기로 함)의 배지정보는 다음과 같다.

334. METHANOTHRIX MEDIUM

Solution A:

KH_2PO_4	0.22	g
$Na_2HPO_4 \times 2\ H_2O$	0.86	g
Na-acetate	6.80	g
Na_2-EDTA solution (0.1% w/v)	1.00	ml
Trace elements solution (see below)	10.00	ml
Na-resazurin solution (0.1% w/v)	0.50	ml
Distilled water	950.00	ml

Solution B:

Na_2CO_3	1.25	g
Distilled water	25.00	ml

Solution C:

NaCl	0.30	g
$CaCl_2 \times 2\ H_2O$	0.11	g
$MgCl_2 \times 6\ H_2O$	0.10	g
Distilled water	10.00	ml

Solution D:

NH_4Cl	0.30	g
Distilled water	10.00	ml

Solution E:

Vitamins solution (see medium 141)	10.00	ml

Solution F:

$Na_2S \times 9\ H_2O$	0.50	g
Distilled water	10.00	ml

Sparge ***solution A*** with 80% N_2 and 20% CO_2 gas mixture for 30 - 45 min to make it anoxic, dispense under same gas atmosphere into anoxic serum vials (e.g., 20 ml medium in 50 ml bottles) and autoclave. Prior to inoculation complete the medium by adding appropriate amounts of sterile ***solutions C, D, E*** and ***F*** prepared under 100% N_2 gas and ***solution B*** prepared under 80% N_2 and 20% CO_2 gas atmosphere. Vitamins are sterilized by filtration. Adjust the pH of the complete medium to 7.2.
Note: Use 20% (v/v) inoculum.

Trace elements solution:

Nitrilotriacetic acid (NTA)	12.80	g
$FeCl_3 \times 6\ H_2O$	1.35	g
$MnCl_2 \times 4\ H_2O$	0.10	g
$CoCl_2 \times 6\ H_2O$	0.03	g
$CaCl_2 \times 2\ H_2O$	0.10	g
$ZnCl_2$	0.10	g
$CuCl_2$	0.03	g
H_3BO_3	0.01	g
$Na_2MoO_4 \times 2\ H_2O$	0.03	g
$NiCl_2 \times 6\ H_2O$	0.12	g
NaCl	1.00	g
$Na_2SeO_3 \times 5\ H_2O$	0.03	g
Distilled water	1000.00	ml

First dissolve NTA in 200 ml of distilled water and adjust pH to 6.5 with KOH, then dissolve mineral salts. Finally adjust pH to 6.5 with KOH and make up to 1000.00 ml.

Vitamin solution:

Biotin	2.00	mg
Folic acid	2.00	mg
Pyridoxine-HCl	10.00	mg
Thiamine-HCl x 2 H_2O	5.00	mg
Riboflavin	5.00	mg
Nicotinic acid	5.00	mg
D-Ca-pantothenate	5.00	mg
Vitamin B_{12}	0.10	mg
p-Aminobenzoic acid	5.00	mg
Lipoic acid	5.00	mg
Distilled water	1000.00	ml

〈그림 53〉 Methanosaeta 배지

배양 의존법 기반 미생물 분석의 경우 단일 미생물의 순수배양 시에는 배양액에 존재하는 미생물을 보다 명확하게 산출할 수 있으나, 혼합배양환경의 시료에서는 미생물 분석(예: 동정, 정량 등)에 대한 제한사항이 많다. 미생물의 종류 및 특성은 다양하기 때문에 특정 미생물을 측정하는데 사용된 방법이 다른 미생물을 측정하는데 적당하지 않을 수도 있으며, 사용하는 방법에 따라 측정된 미생물의 수와 양은 달라질 수 있으므로 적정 측정방법을 선정하는 것이 매우 중요하다. 모든 미생물과 모든 환경에 공통적으로 적용될 수 있는 일반적인 미생물 측정법은 없으므로 미생물과 환경에 따라 적합한 측정법을 선택하여 활용하여야 한다.

분자생물학적 분석기법이 아닌 전통적인 방식의 미생물 분석기법으로는 환경에 존재하는 미생물의 수를 현미경으로 직접 관찰하여 계수하는 직접계수법과 배양 기반 계수법인 배양계수법으로 나눌 수 있으며, 배양 계수법에는 평판계수법, 최확수법, 막여과법 등이 대표적으로 활용되는 방법론이다. 액체 배양의 경우 탁도(Optical density at 600nm)를 측정하여 미생물 농도를 판별하는 탁도법도 활용되는 방법론이다. 여러 분석 기준 및 목적에 따라 세부 실험방법론은 다를 수 있으므로 적정 프로토콜을 확보하여 분석하는 것이 필요하다.

3.2.2. 분자생물학적 분석법: DNA 추출

분자생물학적 분석법은 DNA, RNA, 단백질 등을 목적에 맞게 분석하여 대상 생명체의 농도, 특성 및 기작 등을 규명하는데 활용되는 실험 분석법을 의미한다. 혐기성 소화 미생물의 분석을 위해서는 대표적으로 DNA를 활용한 분석법이 많이 보급되어 있다. 혐기성 원핵생물의 경우 한 미생물의 전체 유전체가 일반적으로 100~200만 base pair 정도로 구성되어 있어 해당 염기서열을 모두 분석하기에는 상당한 시간과 비용이 소모된다. 원핵생물(세균과 고세균)의 경우, 세포 내에 약 1500 base pair 길이의 16S rRNA gene이라는 유전자가 존재하며, 해당 유전자는 미생물 종간 다른 염기서열을 가져 Fingerprinting region(인간의 지문과 같이 동정에 활용 가능)으로 대상 미생물의 동정에 활용될 수 있다. 전체 염기서열 보다 훨씬 짧은 염기서열의 분석만으로도 대상 미생물의 종류 및 농도를 파악할 수 있어 NGS를 통한 미생물 군집분석과 qPCR을 통한 미생물 정량분석과 같은 분자생물학 기반 혐기성 소화 미생물 분석에 많이 활용되고 있다.

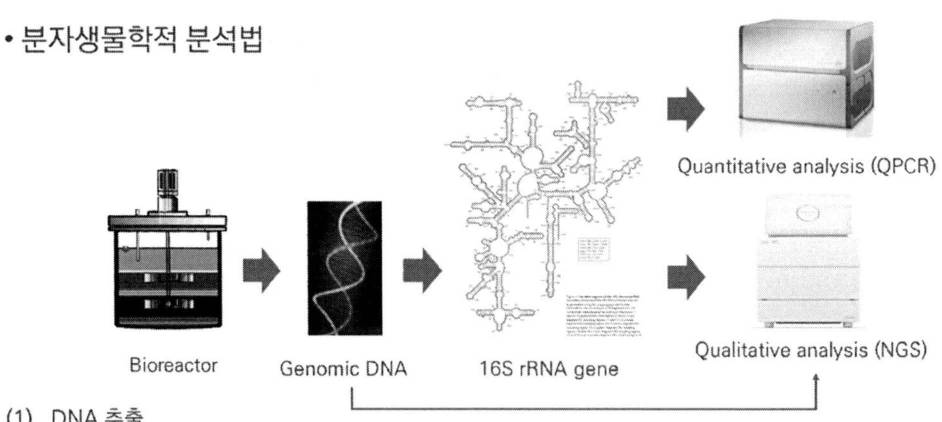

〈그림 54〉 분자생물학적 혐기성 소화 미생물 분석법

NGS 및 qPCR과 같은 미생물 분석을 위해서는 먼저 환경시료 내에 존재하는 모든 DNA에 대한 추출이 필요하다.

- DNA extraction (DNA 추출, DNA isolation)
  - (미)생물의 genomic DNA를 상대적으로 정제된 형태로 추출
  - 핵심 과정
    1. DNA 추출용 시료 준비 (적절한 purification)
    2. 세포막(또는 세포벽)을 파괴하여 DNA를 노출, 나머지 세포 파편과 분리

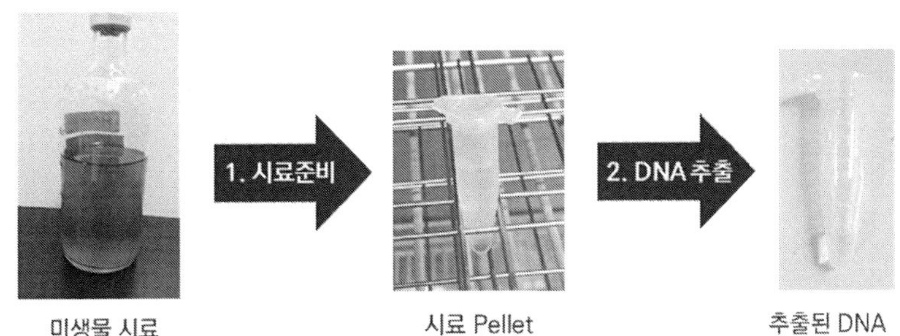

〈그림 55〉 DNA 추출법

DNA 추출 전 먼저 시료 정제를 위한 시료 준비 단계가 필요하다.

1. 시료 준비 단계

- 적정량의 시료 준비
  - SS 농도 및 예상 DNA 농도 고려하여 적정량 준비
  - 필요시 희석
- 시료 정제 (purification) 과정
  - 환경 시료 및 배양액은 시료에 따라 DNA 추출 방해인자 존재
  - DW 또는 Tris-EDTA buffer (TE buffer)로 상등액 치환
- 실험방법론 예시

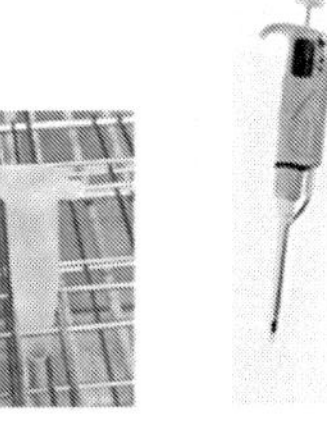

(1) 200 μL 시료를 1.5 mL e-tube에 옮김
(2) Centrifuge (13000 RCF, 5 분) 수행
(3) 상등액 100 μL 제거. DW 또는 TE buffer 100 μL 투입. Pipette으로 혼합.
(4) (2), (3) 단계 3회 반복 후 DNA 추출실험 시작 또는 냉동 보관 (-20 °C or -80 °C)

〈그림 56〉 시료 준비 단계

그 다음으로는 DNA 추출 단계로 대상 시료 및 목적에 맞는 방법론을 사용하는 것이 필요하다.

대상시료 및 목적에 따른 DNA 추출을 위한 다양한 방법론 존재한다. 예로, Blood sample, animal tissue, G- bacteria, G+ bacteria, fecal sample, soil sample 등을 대상으로 한 추출법이 있다. 혐기성 소화 미생물의 경우 다양한 세포벽 구조를 가진 미생물들이 존재하므로 해당 세포벽을 파쇄할 수 있는 전처리가 적용된 DNA 추출법을 활용하는 것이 필요하며, 일반적으로 Gram positive bacteria 또는 Fecal, Soil 시료용 DNA 추출법을 활용한다. 대부분의 DNA 추출 방법론은 구성 세포 파쇄 및 DNA 용해(기타 오염물질(단백질, RNA, 거대물질 등)) 제거의 두 단계로 구성되어 있다.

여기서는 혐기성 소화 미생물의 DNA 추출에 많이 활용되는 Gram positive bacteria용 DNA 추출 방법에 대해 세부 방법론을 예시로 들어 설명하고자 한다.

2. DNA 추출 단계

– 시약 및 기타 준비물

- Lysis buffer: 세포 파쇄 시 buffer 역할
  - 20 mM Tris-HCl (pH 8.0), 2 mM EDTA and 1.2% Triton® X-100
- Lysozyme: 세포벽 파쇄 역할
- Rnase A: RNA 제거 역할
- Proteinase K: DNA에 붙어있는 histone 및 단백질 제거 역할
- GB buffer: gel binding buffer (DNA가 kit에 잘 붙게 도와줌)
- Ethanol: DNA 침전
- WA1 buffer: 사용된 용액에 포함되어 있던 salt 등 washing 역할
- W2 buffer: 사용된 용액에 포함되어 있던 salt 등 washing 역할
- EA buffer (= 10 mM Tris-HCl, pH 8.5)
  - DNA elution buffer로 DNA 안정성 제공하여 보관용액 역할

비이온성 계면활성제로 세포막 파쇄

세포벽 약화 및 DNase 활성 억제

〈그림 57〉 DNA 추출 단계: 시약

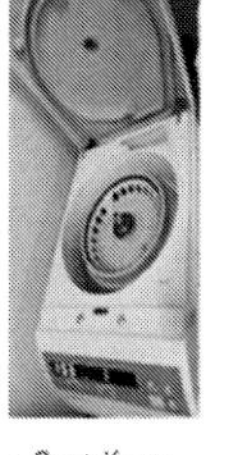

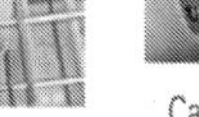

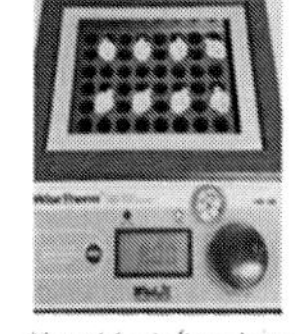

2. DNA 추출 단계

– 실험방법론 예시 (DNA ext. from G+ bacteria)

- 200 μL 시료가 담긴 e-tube를 centrifuge (13000 RCF, 5분). Pipette 사용하여 상등액을 최대한 제거해줌

(1) 세포 파쇄, RNA 제거
- 180 μL lysis buffer 투입 및 vortex 혼합
- 20 μL lysozyme (100 mg/mL), 10 μL RNase A 투입 및 vortex 혼합. Incubation (37 °C, 30 분)

(2) 단백질 제거
- 20 μL proteinase K, 200 μL GB buffer 투입 및 vortex 혼합. Incubation (60 °C, 30 분)

(3) DNA 침전
- 400 μL 100% Ethanol 투입 및 pipetting 혼합.

(4) DNA Binding
- 용해물들을 binding column tube (BCT)의 상단에 투입. Centrifuge (8000 RCF, 1분)
- 하단의 collection tube에 모인 용액 제거 후 재조립.

(5) Washing
- 500 μL WA1 buffer를 BCT의 상단에 투입. Centrifuge (8000 RCF, 1분)
- 하단의 collection tube에 모인 용액 제거 후 재조립.
- 500 μL W2 buffer를 BCT의 상단에 투입. Centrifuge (8000 RCF, 1분)
- 하단의 collection tube에 모인 용액 제거 후 재조립.
- Centrifuge (13000 RCF, 1분). binding column tube에 물기 또는 물방울 없어야 함

(6) DNA 용출
- BCT를 새로운 1.5 mL elution tube와 조립. 50–200 μL EA buffer를 BCT 에 투입. 상온에서 최소 1분 대기.
- Centrifuge (8000 RCF, 1분). 용해액 사용 또는 냉동 보관 (-20 °C or -80 °C)

〈그림 58〉 DNA 추출 단계: 세부 방법론

3.2.3. 분자생물학적 분석법: qPCR 기법

qPCR 분석법에 대해 이해하기 위해서는 먼저 PCR 반응 및 분석법에 대한 이해가 선행되어야 한다.

Polymerase chain reaction (PCR) 반응은 소량의 특정 DNA 서열을 단기간에 증폭시키는 기술로 미생물 체내에서 DNA 증폭을 위해 일어나는 반응을 1985 년 Kary Mullis 박사에 의해 실험실 조건에서 모사한 기술이 개발되었다. 효소와 온도 변화에 따른 PCR 반응을 통해 대상 Double-stranded DNA를 동일한 길이와 서열을 가진 DNA 분자로 증폭시키는 방법으로 적은 DNA 농도로 분석이 어려운 미생물의 DNA를 증폭시킨 후 추가적인 분석을 수행할 수 있다는 이점으로 DNA 증폭 목적으로 현재 널리 활용되고 있는 기술이다.

PCR 반응은 보통 온도 변화에 따라서 반응이 진행되며, 크게 Denaturation, Annealing, Elongation 단계로 나뉜다.

- 반응단계
  - Denaturation of dsDNA template (at 92 – 96 °C)
    - dsDNA melts → ssDNA
  - Annealing of primers (at 60 – 70 °C)
    - Primer binding to complementary sequences
  - Extension of dsDNA fragments (at 72 °C)
    - Taq polymerase binds to the primers and extends DNA at the 3' end

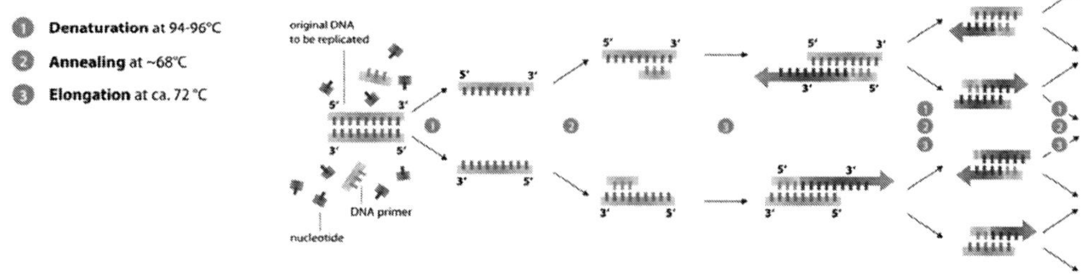

〈그림 59〉 PCR 반응

특정 온도도 변화해 줄 경우 각각의 반응이 일어나며 최종적 1cycle의 반응이 진행되면 대상 DNA개 2개로 증폭된다. 일반적으로 PCR 분석을 수행할 경우, 목적에 따라 30~40 cycle의 PCR 증폭반응을 적용해준다. 30cycle을 예로 들면, 이론적으로 초기 DNA는 30 cycle 후 2^{30} 배인 1,073,741,824배(약 10억 배)로 증폭이 가능하다.

- 준비물

  – Primer sets (forward primer, reverse primer)

    - 대상 DNA 서열(DNA sequence of target region)에 선택적으로 부착될 수 있도록 제작
    - 18 – 30 base pairs, hairpin 여부, melting temperature 등 여러 조건들 고려하고, DNA database 활용하여 특이성 및 false positive, false negative 검증 필수
    - 예시: 박테리아 PCR용 프라이머셋
      – 518F: CCAGC AGCCG CGGTA ATACG
      – 805R: GACTA CCAGG GTATC TAAT
    - 냉동보관 필수, -20 ˚C or -80 ˚C

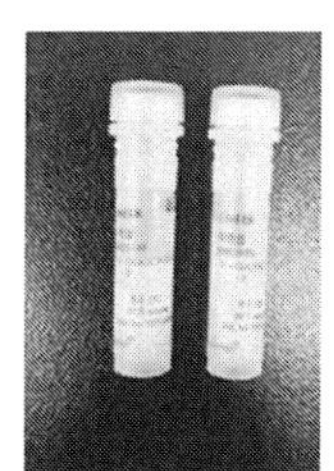

  – Automated thermal cycler

    - 여러 사이클에 걸쳐 샘플의 가열 및 냉각을 수행하도록 프로그램 계획하면 자동으로 수행해주는 기계

  – Taq polymerase

    - 고온성 세균인 *Thermus aquaticus*에서 유래된 DNA 중합효소
    - 단백질 변성 조건인 고온에서 높은 안정성을 가짐
    - 초기 1회 투입만으로도 20 – 35 cycle PCR이 가능하게 함

  – dNTP

    - dATP, dGTP, dCTP, dTTP
    - 상보 염기서열 합성 재료

  – PCR buffer

    - Tri-HCl, EDTA, $MgCl_2$, KCl

  – Template (= DNA 추출된 형태의 대상 샘플!)

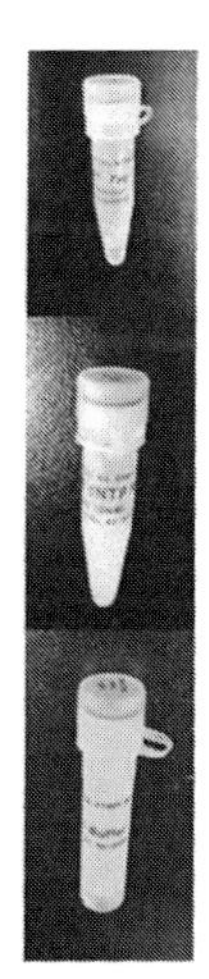

〈그림 60〉 PCR 준비물

PCR 실험 방법의 예시는 다음과 같다.

- 실험방법
  - 실험방법론 예시
    - Microtube 에 해동 후 vortex 한 시약들을 투입 (41.35 μL H_2O, 0.2 μL Forward primer, 0.2 μL Reverse primer, 5 μL PCR buffer, 1 μL dNTP). 사용한 시약들은 다시 냉동보관.
    - Taq 시약을 냉동고에서 꺼낸 후 pipette으로 gentle하게 혼합. 0.25 μL를 microtube에 투입. 남은 Taq 냉동보관.
    - Microtube 에 2 μL Template 투입. pipette으로 gentle하게 혼합.
    - PCR machine에 microtube 장착 후 PCR cycle plan 설정 및 실행
    - PCR 끝난 후 microtube 회수 및 분석전까지 냉동보관 (-20 °C or -80 °C)

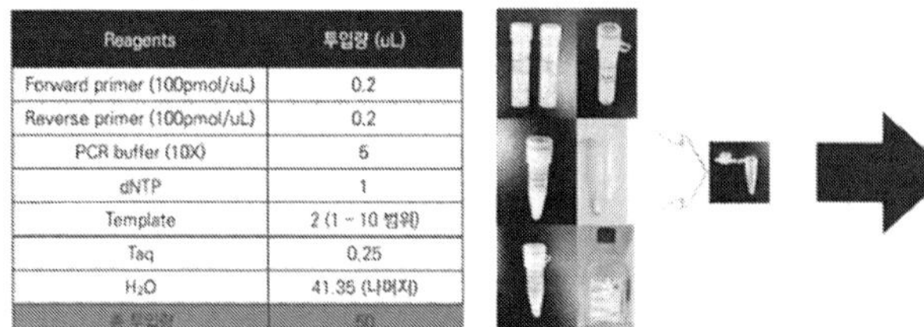

Reagents	투입량 (uL)
Forward primer (100pmol/uL)	0.2
Reverse primer (100pmol/uL)	0.2
PCR buffer (10X)	5
dNTP	1
Template	2 (1 - 10 범위)
Taq	0.25
H_2O	41.35 (나머지)
총 투입량	50

  - PCR cycle plan

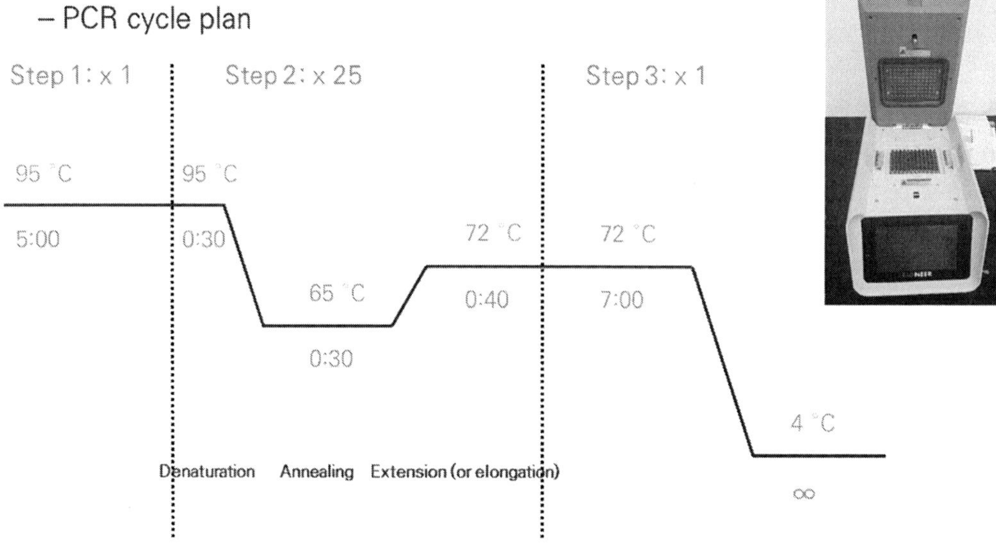

〈그림 61〉 PCR 분석 방법

기존 PCR 기반 미생물 분석 방법은 특정 cycle의 증폭 후(예: 30cycle) 최종 증폭된 DNA의 농도를 측정하여 미생물 농도를 비교할 수 있다. 증폭 후 측정한 농도의 경우 초기 시료의 DNA 농도와 비례하지 않을 수 있으며, 기타 기술적인 여러 제한 사항들로 미생물의 정량 분석에 바로 적용하기에는 권장되지 않는 방법이다. 이를 대체하고자 개발된 방법이 qPCR(Real-time quantitative PCR) 방법이다. qPCR 분석법은 기존의 PCR과는 달리 PCR 반응에 따른 DNA 증폭의 진행을 형광물질의 발현을 측정하여 실시간으로 모니터링할 수 있어, 보다 정확한 초기 시료 내 DNA 정량이 가능하며, 혐기성 소화 미생물 정량분석에도 널리 활용되고 있다. 혐기성 소화 미생물 분석을 위한 qPCR 분석법으로는 SYBR Green assay 방법과 TaqMan assay 방법이 일반적으로 많이 활용되고 있다.

- quantitative PCR (qPCR or real-time PCR)
  - 정량적 분석 (quantitative analysis)
  - SYBR assay
    - Primers (~20 bp)
    - SYBR Green I dye
    - dNTP, buffer, Taq polymerase
  - TaqMan assay
    - Primers (~20 bp)
    - Taqman probe
      - fluorescent reporter (FAM)
      - fluorescent quencher (TAMRA)
    - dNTP, buffer, Taq polymerase

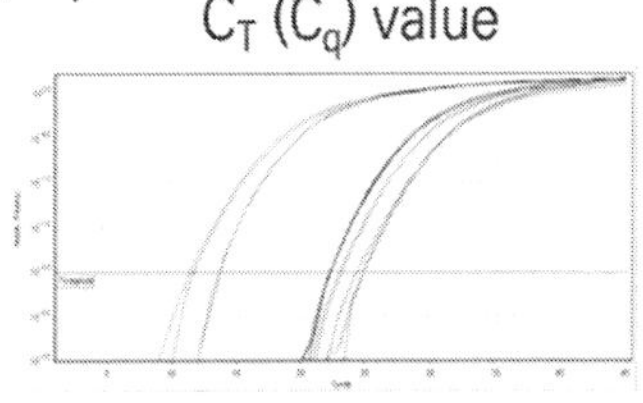

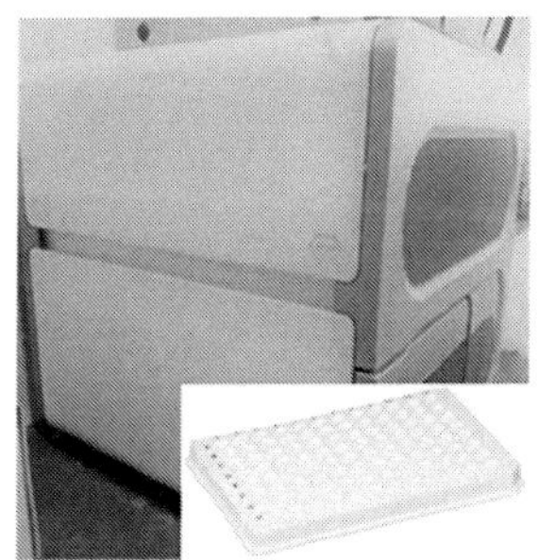

〈그림 62〉 qPCR 분석법

SYBR Green assay 방법은 Double-stranded DNA 에 SYBR Green 형광 염료가 결합되어, PCR 반응동안 증폭되는 Double-stranded DNA 양과 함께 형광 신호가 증폭되어 이를 검출하여 증폭 수준을 확인하는 방법이다. 대상 미생물에 특이적으로 결합할 수 있는 Forward primer 와 Reverse primer 가 준비되어야 하며, 그 외 SYBR Green dye(형광염료), dNTP, buffer, Taq polymerase 등이 필요하다. 분석의 신뢰성을 확보하기 위해서는 Primer sets(Forward primer 와 Reverse primer)의 종 특이성이 매우 중요하다. 해당 분석법의 제한사항으로는 형광염료의 비 특이적 결합으로 인해 거짓 양성 결과가 유발될 수 있다는 점이다. 따라서, 혐기성 소화 미생물 분석에 활용 시, 결과값의 어느 정도의 과대 측정(Over estimation)은 고려하여야 한다. 그럼에도 불구하고, TaqMan assay 방식 대비 비용이 저렴하고 분석이 상대적으로 간단하다는 장점이 있어 널리 활용되고 있다.

• SYBR green assays vs. TaqMan assays

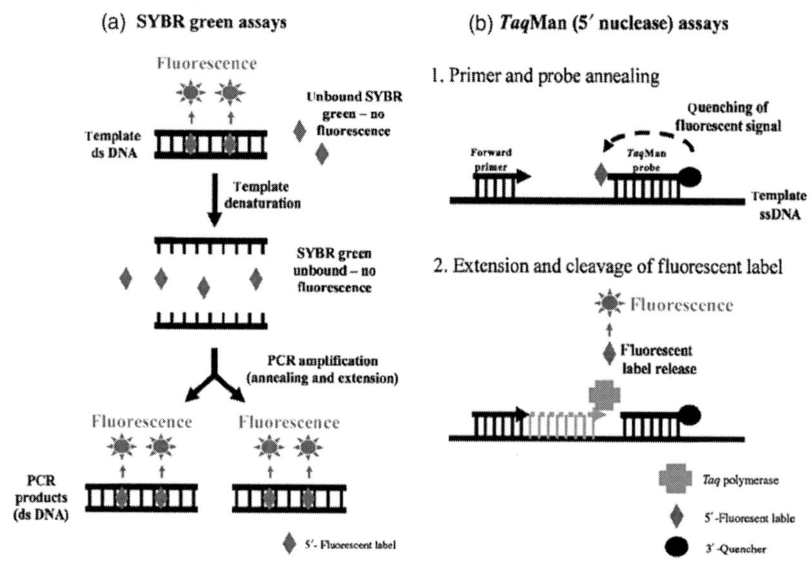

〈그림 63〉 qPCR 분석법: SYBR green vs. TaqMan

TaqMan assay 방법은 Forward primer 와 Reverse primer 뿐만 아니라 추가로 대상 미생물에 특이적으로 결합할 수 있는 TaqMan probe 의 확보가 필요하다. TaqMan probe 의 5' 말단에는 형광물질을 발현할 수 있는 Reporter dye 를, 3' 말단에는 앞선 Reporter dye 의 형광물질 발현을 흡수(저해)할 수 있는 Quencher dye 를 결합하여 제조해주어야 한다. PCR 증폭이 진행되며, Probe 가 부착된 Single-stranded DNA 에 상보적 서열이 합성되며 Reporter dye 가 분해되고, 해당 형광염료가 방출되어 기기를 통해 검출될 수 있게 된다. TaqMan assay 방법은 SYBR Green assay 방법 보다 하나 더 많은 세 개의 대상 미생물 특이적 올리고(Forward primer, Reverse primer, TaqMan probe)를 사용하고, Reporter-Quencher 방법론으로 거짓 양성 결과가 유발될 가능성을 낮출 수 있어 보다 신뢰성 있는 정량 결과를 확보할 수 있다. 분석 비용은 상대적으로 비싸지만, 보다 정확하고 신뢰할 만한 미생물 정량분석 결과를 확보할 수 있어 혐기성 소화 공정의 미생물 정량분석에 많이 활용되고 있다.

qPCR 기반 정량 분석은 대상 환경시료의 초기 미생물 농도를 측정하는 것에 목적이 있으며, 초기 미생물 농도(대상 16S rRNA gene 농도)는 qPCR 반응 후 대상 시료의 Ct(형광물질이 검출되는 임계(최소) 사이클)값을 기반으로 계산할 수 있다. 이는 Ct 값과 대상 DNA 서열의 농도가 반비례함을 기반으로 계산하게 되며, 본 계산을 위해서는 대상 DNA 서열의 농도에 따른 Ct 값의 관계를 나타내는 Standard curve(표준 곡선)의 구축이 필요하다.

따라서 qPCR 을 활용한 대상 혐기성 소화 미생물의 정량 분석을 위해서는 종 특이성은 가진 qPCR 용 프라이머&프로브 세트(Forward primer, Reverse primer, TaqMan probe)의 개발이 필요하며, 이를 정확하게 측정할 수 있는 표준 곡선의 구축이 필수적으로, 관련 연구는 지속적으로 진행되어 보고되고 있다.

일반적인 프라이머&프로브 세트 개발 및 검증 연구 과정은 다음과 같다.

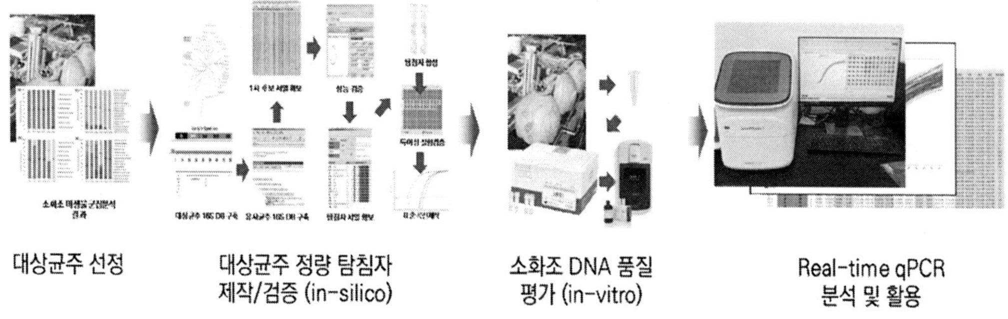

〈그림 64〉 qPCR 분석법: 프라이머&프로브 세트 개발 및 검증

대상 미생물에 특이적으로 결합할 수 있는 프라이머&프로브 세트 개발을 위해서는 먼저 in-silico 기반의 computation 이 선행되어야 한다.

qPCR 프라이머&프로브 세트 개발

- DNAman, Primerose 소프트웨어 활용하여 탐침자세트 In-silico 제작
- 총 Bacteria, Archaea 16s rRNA 서열 정보(RDA database에서 확보)와 비교하여 제작

➢ false-positive 발생 가능성 최소화, 완성도 개선

- 통용되는 제작 가이드라인(문헌) 항목 고려하여 제작 및 QA/QC
- 올리고 길이, GC content, Tm, 연속서열, self-complementary, dimer test

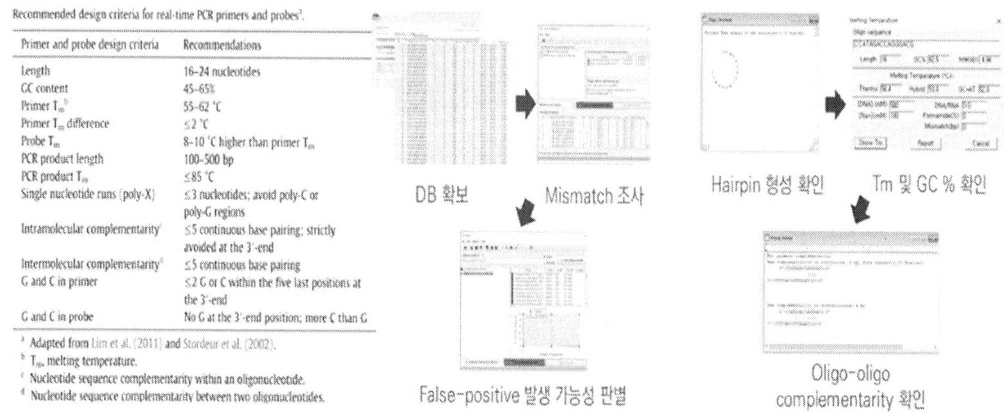

Recommended design criteria for real-time PCR primers and probes[a].

Primer and probe design criteria	Recommendations
Length	16–24 nucleotides
GC content	45–65%
Primer T_m[b]	55–62 °C
Primer T_m difference	≤2 °C
Probe T_m	8–10 °C higher than primer T_m
PCR product length	100–500 bp
PCR product T_m	≤85 °C
Single nucleotide runs (poly-X)	≤3 nucleotides; avoid poly-C or poly-G regions
Intramolecular complementarity[c]	≤5 continuous base pairing; strictly avoided at the 3′-end
Intermolecular complementarity[d]	≤5 continuous base pairing
G and C in primer	≤2 G or C within the five last positions at the 3′-end
G and C in probe	No G at the 3′-end position; more C than G

[a] Adapted from Lim et al. (2011) and Stordeur et al. (2002).
[b] T_m, melting temperature.
[c] Nucleotide sequence complementarity within an oligonucleotide.
[d] Nucleotide sequence complementarity between two oligonucleotides.

〈그림 65〉 qPCR 분석법: 프라이머&프로브 세트 개발(in-silico)

16S rRNA gene database를 활용하여 혐기성 소화 미생물에 존재할 수 있는 미생물들의 염기서열을 확보하고, 후보 프라이머&프로브를 위한 염기서열을 확보 후 Tm(Melting temperature) 및 GC 함량(%) 확인, 연속서열 여부, 특이성 여부, Self-complementarity, oligo-oligo complementarity 여부 등 통용되는 제작 가이드라인 항목을 고려하여 제작하고 computation을 통해 거짓 양성(false-positive) 결과가 최소화되며, 해당 문제점들을 배제한 후보 염기서열들 도출하여야 한다.

그 다음으로는 대상 미생물과 false-positive 후보 미생물에 대한 16S rRNA gene를 확보하여 qPCR 실험(in-vitro)을 통해 제작된 프라이머&프로브 세트의 신뢰성을 검증하여야 한다. 또한 앞서 언급한 것처럼, 대상 DNA 서열의 농도에 따른 Ct값의 관계를 나타내는 Standard curve(표준 곡선)의 구축이 필요하다. 그리고, 실제 혐기성 소화 시료를 대상으로 해당 프라이머&프로브 세트를 활용한 qPCR 분석을 수행하여 결과 평가가 이루어져야 한다.

일반적인 qPCR 분석을 위한 Reagents 투입량과 실험 순서는 다음과 같다.

1. 투입량 (20μL 또는 10μL 기준)

	Volume (μL)	Volume (μL)
Forward primer	1	0.5
Reverse primer	1	0.5
Probe	1	0.5
Mix(2x)	10	5
Template DNA	2	1
DW	5	2.5
Total	20	10

* Primer는 100 pM의 10배 희석액 기준. Probe는 100 pM의 50배 희석액 기준

2. 실험 순서

1) 모든 reagents 해동, 시료 DNA 해동
2) 완벽히 해동 후, Vertexing 후 짧게 centrifuge
3) *필요 시, pre-mix 제조
4) 96 well plate에 계획량만큼 투입
5) Film을 96 well plate에 부착하여 밀봉
6) qPCR 기기에 실험 계획 작성 후 Run 시작

〈그림 66〉 qPCR 분석 방법론

3.2.4. 분자생물학적 분석법: NGS 기법

차세대염기서열분석법(Next-generation sequencing, NGS)은 기존의 DNA 염기서열을 하나씩 읽어내는 기술인 Sanger sequencing의 제한 사항(느림, 고비용)을 대량의 병렬 분석을 가능하게 하여 보완한 염기서열 분석기법을 의미한다. 차세대염기서열분석법을 통해 보다 빠르고 저비용으로 환경 시료의 미생물 군집의 질적 및 (상대)정량적 정보를 확보가 가능해져 혐기성 소화 분야에도 널리 보급되어 활용되고 있다. 특히 이를 활용하여 혐기성 소화조의 미생물 군집 구조를 해석하는 연구들이 최근 활발하게 보고되고 있다.

지난 15년 동안 다양한 NGS플랫폼들이 상용화되어 왔다. NGS 플랫폼은 서로 다른 유형의 시퀀싱 메커니즘에 의존하며 각각의 특징 및 성능이 다르다.

- 16S metagenomic sequencing
  - 군집구조분석
  - 다양한 platform 존재
    - Illumina sequencing
    - Ion semiconductor sequencing
    - PacBio sequencing
  - 주요 차이점
    - 개별 증폭 방법
      - emulsion PCR; bridge PCR
    - 유전자 합성 관측 방법
      - different fluorescence signals for A, T, G, C
      - different H^+ (pH) signals for A, T, G, C

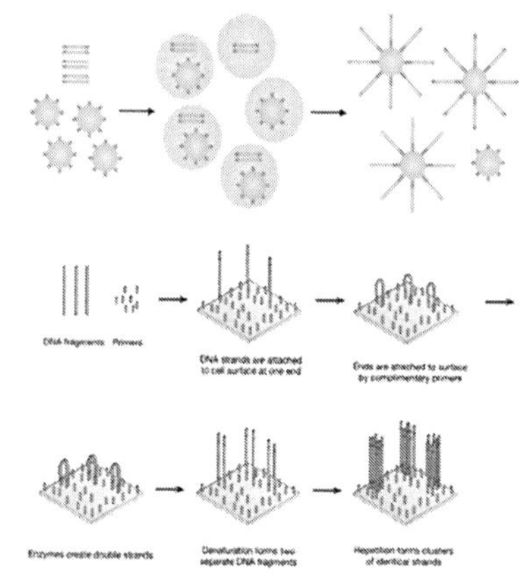

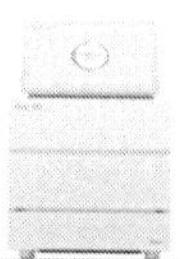

〈그림 67〉 NGS 분석법

여기에서는 차세대염기서열분석법들인 일루미나 시퀀싱법(Illumina sequencing)과 아이온 시퀀싱(Ion semiconductor sequencing)법에 대해 간략히 설명하고자 한다.

먼저 두 방법은 개별 증폭 방법에서 차이가 있다. 일루미나 시퀀싱법은 플로우셀에 대상 염기서열들이 부착되어 가교를 형성하며 각각의 염기서열들이 개별로 PCR 기반 증폭반응을 일어날 수 있도록 하여 병렬 PCR을 수행하는 bridge PCR법을 활용하는 반면, 아이온 시퀀싱법은 기름속에 수백만개의 물방울을 생성하고, 각각의 물방울안에서 대상 염기서열을 PCR 할 수 있도록 하여 병렬 PCR을 수행하는 Emulsion PCR법을 활용한다.

뿐만 아니라 유전자 합성 관측 방법에서도 차이가 있다. 일루미나 시퀀싱법은 앞서 증폭된 PCR 결과물에 염기 특이적 형광 표지를 부착한 변형된 핵산을 이용하여 PCR 반응을 다시 수행하며, 이때 A, T, G, C의 각각의 형광 물질을 검출하여 염기서열을 판독(Base calling)한다. 반면, 아이온 시퀀싱법은 앞서 증폭된 PCR 결과물에 A, T, G, C를 흘려주며 PCR 반응을 다시 수행하며, 이때 상보 결합되는 반응에 의해 변화되는 pH (H+ 농도)를 센서로 측정하여 염기서열을 판별(Base calling)한다.

◈ 아이온 시퀀싱(Ion semiconductor sequencing)법

아이온 시퀀싱은 반도체 칩을 이용하여 증폭된 염기서열을 분석하는 NGS 플랫폼이다. 반도체 칩 위에 수백만 개의 작은 well이 존재하며, 각각의 well은 각기 작은 pH 미터로 작동하며 염기서열을 판독할 수 있다. 각각의 well에 대상 증폭된 DNA 서열과 DNA polymerase가 붙어서 DNA 중합반응을 일으키며, 상보적 염기가 중합반응을 일으킬 때 수소이온이 방출되고, 이 pH 변화 및 전압의 변화를 측정하여 염기서열이 판별된다.

아이온 시퀀싱은 다음과 같은 총 7개의 단계로 구성되어 있다.

1. DNA extraction & PCR
   - DNA extraction
   - Qubit quantification
   - Amplification (PCR)
   - Purification
   - Qubit quantification
2. Library Preparation
   - 5' end repair
   - Purification
   - Adaptor ligation
   - Purification
   - Library PCR
   - Purification
   - Qubit quantification
   - Dilution
3. Emulsion PCR
4. Enrichment
5. Chip loading
6. Sequencing
7. Data analysis

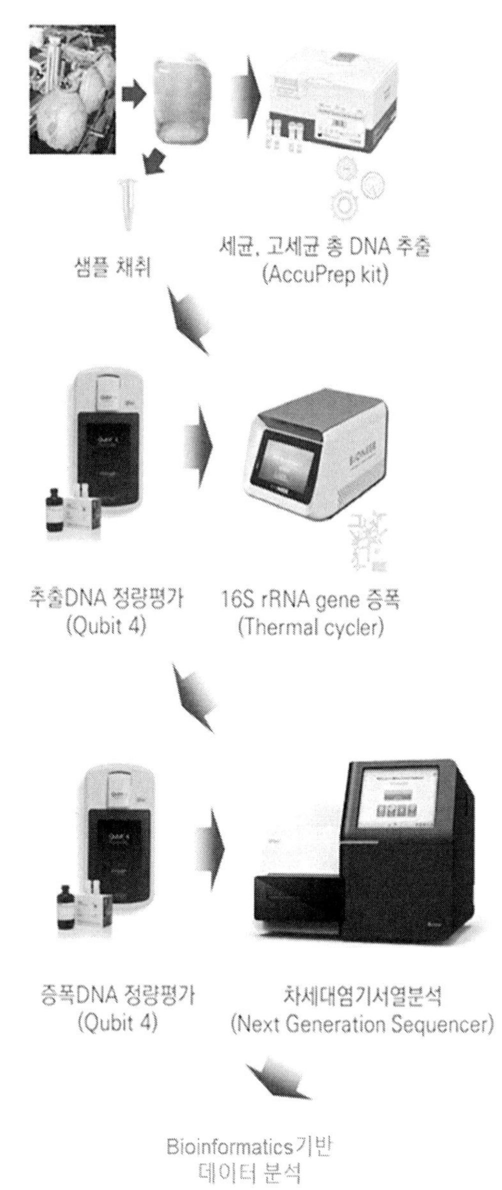

〈그림 68〉 아이온 시퀀싱: 분석 단계

아이온 시퀀싱은 다음과 같은 총 7개의 단계로 구성되어 있다.

[1] DNA extraction & PCR

대상 환경 시료의 DNA를 추출하고, 대상으로 하는 DNA 염기서열을 NGS 분석에 적용할 수 있는 농도로 증폭하여 준비해주는 단계이다. 혐기성 소화 미생물의 경우 세균과 고세균을 대상으로 분석을 수행하는 것이 일반적이며 세균과 고세균 각각에 대한 Universal primer sets를 이용하여 대상 16S rRNA gene만 증폭하는 것을 목표로 PCR을 수행한다. 다양한 Universal primer sets가 문헌에 보고되고 있다. 대표적으로 많이 활용되는 Universal primer sets는 세균의 경우 518F, 805R이며, 고세균의 경우 787F, 1059R이다. 세균과 고세균을 한 번에 증폭시킬 수 있는 원핵생물용 Universal primer sets도 보고되고 있으나, Coverage가 상대적으로 낮아 왜곡된 결과(특히, 메탄생성균에 대해)를 도출할 수 있어 세균과 고세균에 대해 각각의 Universal primer sets를 사용하는 것이 바람직하다. 증폭된 대상 DNA(보통 Amplicon라고 표현함)는 정제과정을 거친 후 농도 측정을 끝마치는 것으로 본 단계의 실험은 끝난다.

[2] Library preparation

NGS 분석을 위한 Library(Adapter, Barcode, Amplicon이 결합된 물질)를 제작하는 단계이다.

〈그림 69〉 아이온 시퀀싱: Library

P1은 추후 ISP bead에 Library를 붙이는 Adapter 역할을 한다. Barcode는 각 Library의 시료를 구별할 수 있는 특정 염기서열로 구성되어 있다. 만약 96개의 다른 시료를 한 번의 NGS 분석에서 분석하고자 한다면, 96개의 시료에서 유래된 Amplicon에 각기 다른 염기서열의 Barcode를 결합해 두어, 추후 Data analysis 단계에서 시료별 결과를 해석할 수 있게 해준다. Adapter는 추후 Library에 Biotin을 결합하는 역할을 한다. 먼저 추후 DNA 결합을 위한 Amplicon의 5' end repair를 수행한 후, 정제해주고, Adapter를 붙여준다. 그리고 정제 후, Library PCR로 소량 증폭해주고, 정제 후, 모든 library(만약 96개 시료를 대상으로 분석하는 거라면, 96개의 Library를 의미)의 농도를 측정하고, 각각의 농도를 동일하게 해주어 혼합하여, 100pM의 Library 혼합액의 준비를 마친다.

[3] Emersion PCR

각각의 기름 내에 수백만 개의 물방울(Emersion)을 만들어 각 물방울 내에 ISP bead와 Library를 넣어주고, 결합하여 병렬 PCR을 수행해주는 단계다.

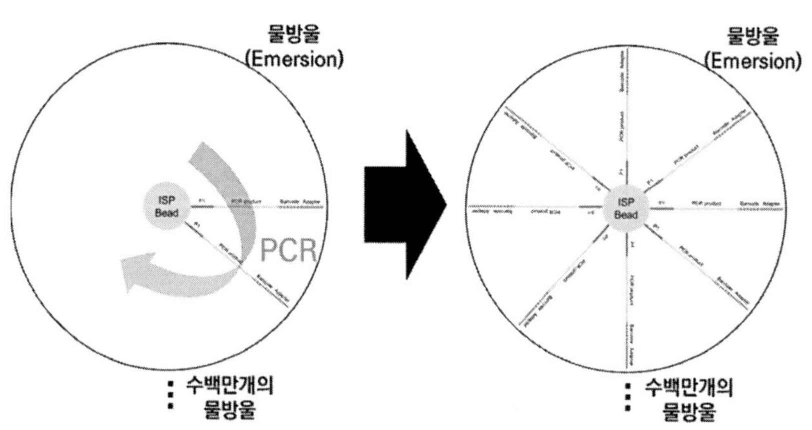

〈그림 70〉 아이온 시퀀싱: Emersion PCR

Emersion PCR은 시퀀싱 분석 전 Library의 농도를 높여주고, 물방울의 PCR 결과물을 만드는 것을 목적으로 한다.

[4] Enrichment

DNA가 붙지 않은 ISP bead들은 제거하고, DNA가 붙은 ISP bead만 선택적으로 추출하는 과정이다.

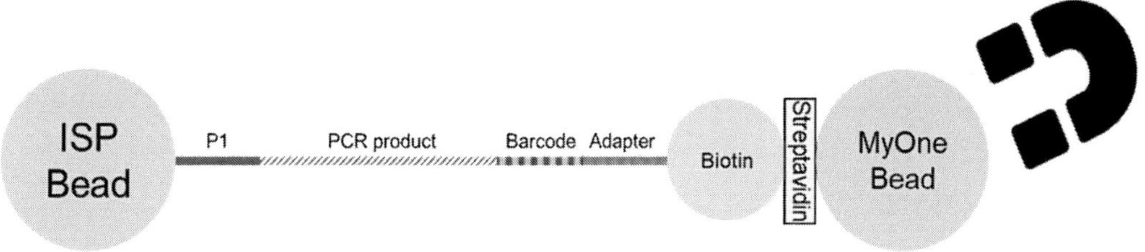

〈그림 71〉 아이온 시퀀싱: Enrichment

Adapter 끝에 Biotin을 결합하고, Streptavidin이 결합된 MyOne bead를 Biotin에 결합한 후, 자석으로 MyOne bead를 끌어당긴 상태에서 정제를 수행해주어 DNA가 없는 ISP bead를 제거해준다. 그 후 MyOne bead를 분리하여 제거해준다.

[5] Chip loading

앞서 정제된 (DNA가 부착된)ISP bead를 Semiconductor chip에 투입해준다. 칩 안에는 수백만 개의 well로 구성되어 있으며, 각각의 well에 1개의 (DNA가 부착된) ISP bead가 투입된다. 이 단계의 Loading은 최종 NGS 결과 수율에 지대한 영향을 미치므로 가능하면 많은 well에 ISP bead 투입될 수 있도록 Loading을 섬세하게 진행하는 게 중요하다.

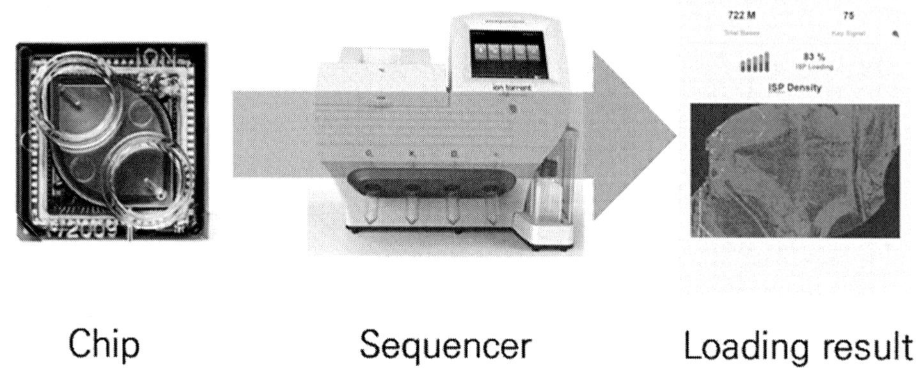

〈그림 72〉 아이온 시퀀싱: Chip loading, Sequencing

[6] Sequencing

Chip에 투입된 DNA들의 상보적 염기서열에 dNTP(다시 말해, A, G, T, C)를 하나씩 흘려주며 PCR 반응을 통해 합성해주며 그때 변하는 pH를 전기적 신호로 감지하여 어떤 염기서열인지 감지하여 판별한다. A, G, T, C이 결합될 때 각각 방출하는 H^+ 농도가 다르므로 그때 변화하는 pH를 감지하여 해당 정보를 컴퓨터에 저장해둔다.

[7] Data analysis

확보된 raw data를 먼저 Base calling을 통해 각 염기서열을 판별하고, 얻어진 염기서열을 평가하여 불량 또는 불필요한 데이터를 제거하고 신뢰할 수 있는 데이터를 선별하는 단계를 포함한다. 최종으로 얻어진 Rigid sequence들은 바로 16S rRNA database와 대조하여 대상 염기서열이 어떤 미생물에서 유래된 것인지 Taxonomic assignment를 수행할 수 있으며, Rigid sequence들을 특정 유사조건으로 그룹화한 ASV(동일 서열 그룹) 또는 OTU(Operational taxonomic unit; 일반적으로 염기서열의 정보가 97% 유사한 sequence들을 한 그룹으로 묶어줌)를 제조 후, 각각 ASV 또는 OUT의 대표 서열들에 대해서만 Taxonomic assignment를 수행하기도 한다. 대표적인 16S rRNA database는 NCBI, Silva 및 RDP가 있다. 다만, RDP는 운영을 중단하여 지금은 이용이 제한적이다.

혐기성 소화 미생물학

2024년 2월 22일 초판 1쇄 인쇄
2024년 2월 28일 초판 1쇄 발행

저 자 | **이 준 엽** ◆ 著

발행처 | 도서출판 에듀컨텐츠휴피아
발행인 | 李 相 烈
등록번호 | 제2017-000042호 (2002년 1월 9일 신고등록)
주 소 | 서울 광진구 자양로 28길 98, 동양빌딩
전 화 | (02) 443-6366
팩 스 | (02) 443-6376
e-mail | iknowledge@naver.com
web | http://cafe.naver.com/eduhuepia
만든사람들 | 기획 · 김수아 / 책임편집 · 이진훈 김예빈 이은미 하지수
디자인 · 유충현 / 영업 · 이순우

ISBN 978-89-6356-458-6 (93470)
정 가 13,000원

- 교재는 2023년도 정부(교육부)의 재원으로 한국연구재단의 램프(LAMP) 사업으로 지원되었습니다(No. RS-2023-000301702).
- 본 교재는 환경부의 폐자원에너지화 전문인력 양성사업으로 지원되었습니다(YL-WE-21-002).